キー入力が **ぐんぐん** 速くなる！

タイピングマスター帖

朝岳健二 著／タイピングマスター帖編集部 編

マイナビ

はじめに

　生活やビジネスの場面で、パソコンを使って文字を入力する機会はよくあることでしょう。昨今は、テレワークやオンライン授業などが急速に普及し、仕事や学習を自宅や外出先から行うことも一般的になりました。

　それに伴い、キーボードを使った文字入力、すなわちタイピングの重要性も増しています。

　スマホの普及により、これまでパソコンに触れる機会が少なかった若い世代のなかにも、タイピングにチャレンジしたいと考える方が増えてきているのではないでしょうか。

　とはいえ、特にパソコン初心者は、たくさんのキーボードが並んだキーボードを前に、どのように接していいのか途方に暮れてしまうケースも少なくないはずです。

　目的のキーがなかなか見つけられず、そのうえ入力ミスが多いとなると、キーボードへの苦手意識がどんどんふくらんでしまいます。

　キーボードを見ることなく、すいすい文字入力ができる「タッチタイピング」は、初心者の方にとってハードルが高く感じられるかもしれません。

　しかし安心してください。タッチタイピングの習得は、けっして難しいものではないのです。

　本書では、タッチタイピングが上達するための法則をたくさん紹介しています。オリジナルの文例で繰り返し練習すれば、メキメキと上達を実感し、タイピングが楽しくなってくるでしょう。

　タッチタイピングをマスターすれば、入力ミスが減り、スピードもアップします。長い文章を作成する際でも疲れにくくなり、長時間のテレワークやオンライン授業も難なくこなせるようになるはずです。

　このようにメリットの多いタッチタイピング。本書の内容を参考に、さっそくトレーニングを開始しましょう！

2021年12月

朝岳健二

タッチタイピング上達への道

キーボードを見ずに文字を入力するために

キーボードで文字を入力する際、キーの位置を目で確認せずに入力する方法を「タッチタイピング」といいます。
慣れないうちはついキーボードを見てしまいますが、正しいタッチタイピングをマスターすると、疲れにくい、間違えにくい、思考を妨げないという3つのメリットがあります。

では、正しいタッチタイピングを身につけるために必要なことはなんでしょうか？　タッチタイピングの習得には、「ホームポジションや正しい姿勢を覚えること」「キーボードに慣れること」「苦手なキーを克服すること」など、いくつかのポイントがあります。
本書では図のような流れに沿って、ステップアップ式にタイピングを習得していきます。
学習を進めるにつれて、入力のスピードが上がってきていることを実感できるはずです。

タイピング上達のステップアップ

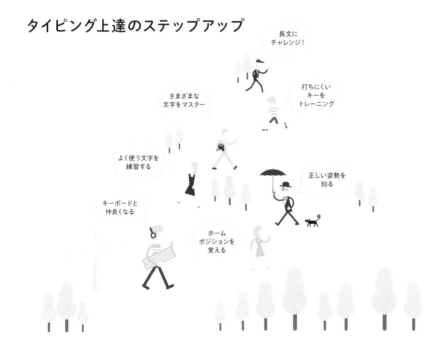

長文に
チャレンジ！

打ちにくい
キーを
トレーニング

さまざまな
文字をマスター

よく使う文字を
練習する

正しい姿勢を
知る

キーボードと
仲良くなる

ホーム
ポジションを
覚える

本書の構成

本書は「基礎知識」と「実践」の2パートにわかれています。

まずは「基礎知識」でキーボードやホームポジション、文字の入力方法をマスターしましょう。Chapter 2以降のページには、簡単な練習問題を掲載しています。最初のうちは短い単語を慣れるまで何度もタイピングして、キーの位置を把握するのが上達の近道です。「実践練習」では、薬指や小指、入力しにくい単語などを重点的にトレーニングしていきましょう。

基本を学ぶ「基礎知識」と「タイピングをマスターする「実践練習」

打ち間違えなくなるまで、同じ単語を何度もタイピングしよう

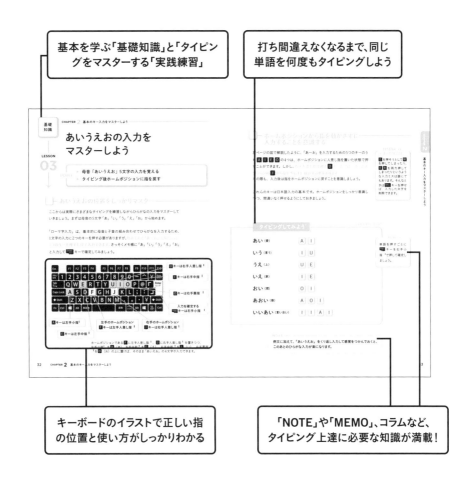

キーボードのイラストで正しい指の位置と使い方がしっかりわかる

「NOTE」や「MEMO」、コラムなど、タイピング上達に必要な知識が満載！

Contents

基礎知識

Chapter 1 　キーボードをくわしく知ろう

Chapter 2 　基本のキー入力をマスターしよう

Contents

Chapter 3　さまざまな種類の入力をマスターしよう

実践練習

Chapter 4　タイピング実践練習帖

Contents

ダウンロード特典

キーボード指対応イラスト＆ローマ字かな変換表

※本書のサポートサイト（https://book.mynavi.jp/supportsite/detail/9784839977931.html）から
　特典PDFがダウンロードできます。

キーボードを
くわしく知ろう

基礎
知識

LESSON

01

さまざまなタイプの
キーボードを知ろう ─Windows PC編─

POINT

> Windows PCを使ってる人はこのページを確認
> 自分が使っているキーボードがどのタイプか知ろう

キーボードを確認しよう

タイピングを練習する前に、まずはキーボードの種類について知っておきましょう。

キーボードは、製品によってキーの大きさや配置などが異なります。もちろん、文字キーの並びや数字キーの並びなどは、ほぼすべてのキーボードで「QWERTY配列」を採用しているため、基本的な配置は同じです。

しかし Space キー、 Enter キー、 ← ↑ → ↓ キーなどは、キーボードによってキーの位置や大きさが異なります。さらに、独自の特殊キーが搭載されているキーボードもあるため、タイピングを始める前に使用するキーボードのキー配置や特殊キーを把握しておくことが大切です。

ここではWindows PCで使われている2つのキーボードを見比べてみましょう。

QWERTY 配列とは？

QWERTYとはキーボードのキー配列のことで、「クウォーティ」「クワーティ」などと呼びます。キーボード左上のキーが Q W E R T Y のように並んだ配列を指しています。

2つのキーボードを見比べてみよう

デスクトップのキーボード例

デスクトップパソコンのキーボード例です。テンキー（キーボード右端の数字キーのこと）が搭載されている他、 ← ↑ → ↓ キーが大きめだったりと入力しやすいキー配置になっています。

ノートパソコンのキーボード例

こちらはテンキーを搭載しないコンパクトなキーボード例。省スペースが特徴ですが、あまり余裕のないキー配列になっています。ノートパソコンはこのようなタイプのキーボードが多いです。

キーボードのタイプを把握しておこう

Windows PCのキーボードにはいくつかの種類があります。現在日本で使われている日本語キーボードは「106キーボード」「109キーボード」などが主流です。

「106」や「109」といった数字は搭載されているキーボードの数を表しています。109キーボードは106キーボードに ⊞ キー2つと 🄲 （アプリケーション）キー1つが追加されたものです。これらのキーボードは基本的にデスクトップパソコン向けで、テンキーも搭載されています。

なお、英語キーボードは「101キーボード」と「104キーボード」が主流です。日本語キーボードにあるような 変換 キーや カタカナひらがな キーなどが用意されていません。

> NOTE
>
> **英語キーボードは、日本語キーボードに比べてキーの数が少ない他、ひらがなの刻印もありません。日本語入力は問題なくできますが、タッチタイピングに慣れている上級者向けのキーボードといえます。**

どのキーボードを使えばいい?

快適な文字入力を考えるなら、テンキー付きでキーの大きさにも余裕がある日本語の109キーボードを使うのがオススメです。

正しいタッチタイピングを覚えるために、わざわざキーボードを買い換える必要はありませんが、違いがあることは知っておきましょう。

COLUMN

モバイルノートパソコンのキーボード配列には注意

ノートパソコンはボディサイズによってキーボードの配置スペースが制限されるため、特殊なキー配列の製品が少なくありません。特に、持ち運びのしやすさを追求したモバイルノートパソコンでは打ちやすさが犠牲にされているケースもあり、長文を入力したい場合は別途109キーボードを接続して使うのも有効です。

LESSON
02
POINT

キーの種類とよく使う特殊キーを知っておこう

▶ 各キーの役割を知っておく
▶ 必須の特殊キーを覚える

覚えておきたいキーの種類

キーボードにはたくさんのキーが配置されており、それぞれのキーが役割を持っています。とはいえ、すべてのキーの役割を覚えないといけないわけではありません。まずは必須のキーをしっかり覚えましょう。

文字キー
文字入力を行う際に欠かせない文字キー。アルファベットやひらがな、カタカナ、数字、記号などを入力する際に使います。

ファンクションキー
使うソフトによって役割が変化します。日本語入力ソフトでは、このファンクションキーに便利な機能を割り振っています。こちらものちほどくわしく説明しましょう。

⑦ Back Space キー（バックスペースキー）

① Esc キー（エスケープキー）

② 半角/全角 キー（半角/全角キー）

③ Shift キー（シフトキー）

④ Ctrl キー（コントロールキー）

⑤ Space キー（スペースキー）

⑥ Enter キー（エンターキー）

矢印キー
カーソル（文字の入力位置を示す縦棒）を操作します。カーソルキー、方向キーなどとも呼びます。

テンキー
主に数字の入力に使います。

—— 覚えておきたい7つの特殊キー

左ページの「①～⑦」と書かれているキーを使いこなすことで、文字入力がより効率よく行えるようになります。

—— MEMO ——

特殊キーはノートパソコンなど、機種によって配置が異なります。また、1つのキーに複数の機能が割り当てられていることもあります。

① Esc キー（エスケープキー）
日本語入力中にこのキーを押すと、1つ前の操作がキャンセルされます。たとえば変換候補が表示されているときに押せば、前のひらがなの状態に戻せます。

② 半角/全角 キー（半角/全角キー）
日本語入力と英語入力を切り替えるキーです。Windows の設定によっては Alt キーを押しながらこのキーを押さないと切り替わらない場合があります。

③ Shift キー（シフトキー）
このキーを押しながら日本語入力すると、アルファベットを直接入力できます（大文字になります）。また、このキーを押しながら矢印キーを押せば、文字を選択できます。

④ Ctrl キー（コントロールキー）
日本語入力では使いませんが、このキーと他のキーを組み合わせることで便利なショートカットキーを利用できます（P.89 ～ 90参照）。

⑤ Space キー（スペースキー）
入力したひらがなの文字列を漢字に変換するためのキーです。また、スペース（空白）を入力するときにも使用します。なお、実際のキーには「Space」の印字はありません。

⑥ Enter キー（エンターキー）
日本語入力時に文字入力を確定します。改行時にも使用します。

⑦ Back Space キー（バックスペースキー）
日本語入力中や確定後に直前の文字（カーソルの左側）を削除します。キーボードによっては BS ← ⊠ と印字されていることがあります。

基礎
知識

LESSON

03
POINT

さまざまなタイプの キーボードを知ろう ― Mac編 ―

▶ Mac製品を使ってる人はこのページを確認
▶ 特殊キーを知って文字入力を効率化

アルファベットキーの配列はWindows PCと同じ

本書ではWindows PC向けのキーボードを例にタッチタイピングを解説しています
が、Mac用のキーボードはキーの種類や数が異なります。アルファベットのキーは
QWERTY配列となっているため、基本的な文字入力はWindows PCと同じようにで
きますが、■ キーがなかったり、Mac独自のキーがあったりします。
特殊な記号で表記されている独自キーの使い方を確認しておけば、Macのキーボード
を使ったタッチタイピングも簡単に習得できます。

Macキーボード独自の特殊キー

① ⇥ キー(tabキー)　　② ⌃ キー(controlキー)　　③ ⇧ キー(shiftキー)

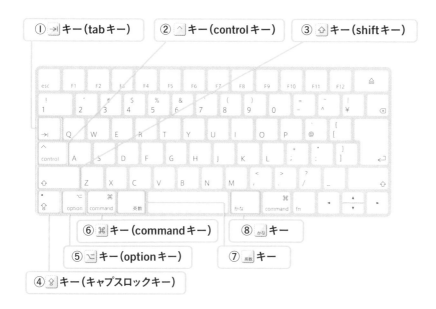

⑥ ⌘ キー(commandキー)　　⑧ かな キー

⑤ ⌥ キー(optionキー)　　⑦ 英数 キー

④ ⇪ キー(キャプスロックキー)

━ Macの特殊キーを使うと文字入力を効率化できる

① →| キー (tabキー)
Windows キーボードの Tab キーと使い方は同じで、文字列の間に区切り文字を入力できます。

② ⌃ キー (controlキー)
アルファベットキーと組み合わせて矢印キーや Delete キーとして使ったり、⌘ キーと組み合わせてさまざまな操作を実行したりできます。Windows キーボードにおける Ctrl キーとは役割が異なるので注意してください。

③ ⇧ キー (shiftキー)
このキーを押しながら入力することで、日本語入力 (かなモード) でもアルファベットを直接入力できます。英字入力で使うと、大文字のアルファベットを入力可能です。

④ ⇪ キー (キャプスロックキー)
このキーを押すと ⇧ キー (shiftキー) を押した状態でロックされ、大文字のアルファベットを連続して入力できるようになります。もう一度キーを押すとロックを解除できます。

⑤ ⌥ キー (optionキー)
日本語入力ではほとんど使いませんが、他のキーと組み合わせることで、さまざまな特殊機能を呼び出すことができます。

⑥ ⌘ キー (commandキー)
Windows キーボードにおける Ctrl キーと同じような役割を持っており、他のキーと組み合わせるとコピーやペースト、テキストファイルの保存などが行えます。

⑦ 英数 キー
英字入力 (英数モード) に切り替えるときに使います。

⑧ かな キー
日本語入力 (かなモード) に切り替えるときに使います。

基礎知識

LESSON

04

最初に知っておきたい ホームポジション

POINT
▶ キーボードへの苦手意識を克服！
▶ どこに指を置くかをマスターする

キーボードに対する苦手意識をなくそう

パソコンで文字を入力するために欠かせないのがキーボード。しかし、初心者のうちはこの100個以上のキーが並んでいるキーボードに苦手意識を覚えることもあるでしょう。「すべてのキーを覚えるなんてムリ！」とあきらめモードに入ってしまう人もいるかもしれません。

でも実は、キーボードで文章を入力する際に必要なキーは、それほど多くないのです。

> MEMO
>
> たくさんのキーが配置されたキーボード。威圧感を覚える方がいるかもしれませんが、いきなりすべてのキーを覚える必要はありません

目指すのはキーボードを見ずに入力するタッチタイピング

キーボードに慣れないうちは、つい手元のキーをひとつひとつ見ながら入力してしまいます。この本を使って練習を重ねて、キーボードを見ずに入力できるようになりましょう。キーボードを確認せずに自在に入力できるタッチタイピングをマスターすることで、キーボードは便利で力強い味方になります。

> NOTE
>
> **キーボードを見ないで入力することをタッチタイピングと言います。**

キーボードとディスプレイを交互に見ながら文字を入力するのはNG。視線の移動がひんぱんになり、時間がかかってしまいます

━ タッチタイピングの第一歩 ホームポジション ━

タッチタイピングをマスターするために、ただやみくもにキーを打っているだけでは、上達も頭打ちになってしまいます。自己流ではなく、正しいタッチタイピングを身につけてこそ、入力スピードも向上します。

そのためには、まずホームポジションを覚えましょう。

━ ホームポジションをマスターしよう

左手の人差し指 ❘ を **F** キーの上、右手の人差し指 ❘ を **J** キーの上に置いてみてください。これがホームポジションです。

たいていのキーボードには **F** と **J** のキーに小さな出っ張りがあります。これを利用すれば、キーボードを見ずにホームポジションがわかるのです。常にこの出っ張りを探りながら、ホームポジションに指を乗せるようにしましょう。

左手の人差し指 ❘ を**F**キーの上　　　右手の人差し指 ❘ を**J**キーの上

テンキーのホームポジション
右手中指 ❘ を**5**キーの上

COLUMN

テンキーにもホームポジションがある

キーボードによっては、右側に数字入力用のテンキーが付いている場合があります。特に表計算ソフトなどで数値を入力する機会が多い方は、テンキーを活用すると便利です。

実はテンキーにもホームポジションがあります。たいていは中央のキー**5**に突起が付いています。ここに右手の中指 ❘ を置くことで、テンキーを見ずに数値を入力できます。

基礎
知識

LESSON

05

POINT

タイピングの正しい姿勢を 身につけよう

> 長時間の入力でも疲れない姿勢を知る
> 正しい指の置き方を知る

パソコンとの距離や入力時の姿勢を整える

長時間、快適でスピーディーなタイピングを行うためには、入力時の適切な姿勢やパソコンとの位置を知ることも大切です。

ディスプレイは目の高さより下に置き、画面と目の距離は40cm以上取るようにしましょう。

入力時の姿勢については、まず背筋をまっすぐ伸ばしてイスに座ります（背もたれによりかからないほうが姿勢をよくできます）。ヒジの角度は90度以上に開き、ヒジから先を水平に伸ばしてムリのない体勢で、キーボードに指を乗せましょう。

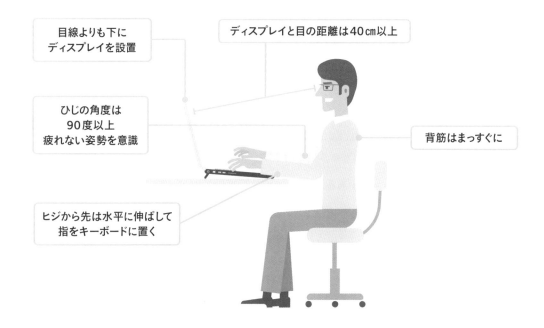

目線よりも下に
ディスプレイを設置

ディスプレイと目の距離は40cm以上

ひじの角度は
90度以上
疲れない姿勢を意識

背筋はまっすぐに

ヒジから先は水平に伸ばして
指をキーボードに置く

長時間のタイピングでも疲れない指の使い方を マスターする

キーボードに乗せる指の角度にも注意しましょう。

大切なのは指に力を入れないこと。力を抜いてキーボードに指を乗せると、指が適度に曲がってアーチ状になるはずです。手のひらに小さな卵を握っているイメージで指を丸めましょう。

まっすぐ指を伸ばしてキーボードに乗せてしまうと、指の力でキーを押す感じになりますが、力を抜いてアーチ状に指を曲げた状態で指がキーボードに対して垂直に近くなり、指先の重みでキーを押す感覚になります。

タイピングを行う際は、以下の図のような指の形でないと疲れてしまいます。

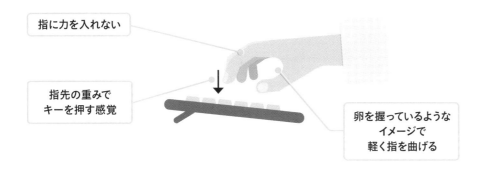

指に力を入れない

指先の重みで
キーを押す感覚

卵を握っているような
イメージで
軽く指を曲げる

両手の人差し指を F と J のホームポジションに置き、視線はまっすぐディスプレイに向けましょう（タッチタイピングの基本はキーボードを見ないことです）。

これで、タッチタイピングのための正しい姿勢が整いました。

COLUMN

指に力を入れないのがコツ

手や指に力が入っていると、指全体が伸びてしまい、指とキーが水平に近くなります。

これではすぐに指が疲れてしまうため、指の力を抜き、キーに対して指先が垂直に当たるようにしましょう。

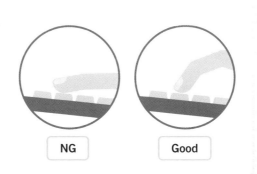

NG　　　Good

どの指がどのキーを担当するかチェックしよう

LESSON
06

> 指ごとに打つキーの範囲が決まっている
> 実際にキーボードに手を当てて確認してみよう

それぞれの指で押すキーを確認しよう

タッチタイピングの基本は、P.16で確認したホームポジションに指を置くことから始まります。ホームポジションから指を動かして目的のキーを押すのですが、左右10本の指それぞれに、担当するキーの範囲は決まっています。

下の図はそれぞれの指で押すべきキーをまとめたものです。

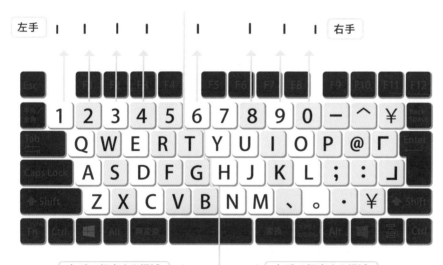

NOTE

ホームポジションの状態で届かないキーを入力する際は、いったんホームポジションから離し、入力し終わったらまたホームポジションに指を戻します。

本書の特典PDFを活用しよう

本書の特典として、キーボード指対応のイラストPDFがサポートサイトからダウンロードできます。練習するときは、印刷して手元に置いておくと、すぐに指の担当キーが確認できて便利です。

□— 基本をしっかり守って細部は臨機応変に ———

左ページの図を見るとわかるように、右手の小指 ⌐が担当するキーはとても多くなっています。

基本的に薬指や小指で正確にキーを押すのは、慣れないうちは思うようにいかないものです。しかし、キーボードを見ないで正確にタイピングするためには、それぞれの指で押すキーの範囲を守ることが重要です。

本書でタイピングの練習を繰り返し行いながら、慣れていきましょう。

COLUMN

指の担当は必ず守らなきゃダメ？

キーボードの右側には、記号やカッコ、Back Space や Enter などの重要なキーが並んでおり、右手小指 ⌐の負担が大きくなっています。正確なタッチタイピングのために、それぞれの指でカバーするキーの範囲はできるだけ守ることが大切ですが、状況によっては薬指 ⌐や中指 ⌐を使うのもよいでしょう。

たとえば 。キー（句点）を右手の薬指 ⌐か中指 ⌐で押して、小指 ⌐で Enter キーを押して改行する、といった指の使い方をするなど、基本を守りつつミスしにくいアレンジの方法を知ることも重要です。

大事なのは、キーボードを見ずに指を動かして正確にタイピングを行い、入力が終わったら必ずホームポジションに指を戻すことです。

手の大きさやキーボードによっても、タイピングのしやすさは変わってくるもの。タイピングを練習しながら、うまくカスタマイズしていきましょう。

基礎
知識

LESSON

07

ローマ字入力をマスターしよう

POINT

▶ 入力方法の切り替えを知る
▶ 「ローマ字入力」と「かな入力」の違いを知る

日本語入力の方法は「ローマ字入力」と「かな入力」の2種類

パソコンを使って日本語の文章を入力する場合、入力の方法は基本的に2種類あります。1つは「ローマ字入力」、もう1つは「かな入力」です。

ローマ字入力は、キーボードのキーに刻印されているローマ字を使って文字を入力します。たとえば A キーを押せば「あ」、K A とキーを連続して押せば「か」が入力できます。

かな入力は、キーに刻印されているひらがなを使って文字を入力していきます。あ キーを押せば「あ」、か キーを押せば「か」がそのまま入力されます。

ローマ字入力の場合

あか (赤)　　　A　K　A

てんき (天気)　　T　E　N　K　I

かわいいいぬ (かわいい犬)　K　A　W　A　I　I　I　N　U

かな入力の場合

あか (赤)　　　あ　か

てんき (天気)　　て　ん　き

かわいいいぬ (かわいい犬)　か　わ　い　い　い　ぬ

ローマ字入力とかな入力の切り替え方法

かな入力とローマ字入力の切り替えをするには、画面右下のIMEのアイコンから変更します。

①画面右下の「あ」または「A」と表示されている部分を右クリック

②「ローマ字入力 / かな入力」にカーソルを合わせると「ローマ字入力」「かな入力」が表示される。変更したい入力方法を左クリックで選択すると入力方法が切り替えられる。
※Windows 11 の場合、IMEのメニューを同様に開き、「かな入力（オフ）」→「オン」を選択して切り替えます。

ローマ字入力で使うキーは主に26個

「ローマ字入力」の場合、基本的な文字入力に使うキーは26個です。上部の数字キーもそのまま切り替えずに使えるので、テンキーのないキーボードでも数字の入力が容易です。カッコなどの記号には文字キーが割り当てられていないので、指の移動が少ないタイピングが行えます。

MEMO

ローマ字入力の特徴
● 基本的に覚える文字キーは26個だけ
● 日本語入力時に打つキーの数が増える
● そのまま数字や記号を入力できる
● アルファベットの入力にも対応できる

「かな入力」を選択した場合、46個あるひらがなキーの位置を覚える必要がありますが、1文字あたりで押すキーの数は減るので、マスターすれば高速な入力が可能になります。

MEMO

かな入力の特徴
- 基本的に46個のキーを覚える必要がある
- 1文字あたり打つキーの数が減らせる
- 数字や記号を入力する際に入力切り替えなどが必要
- アルファベットを入力するにはローマ字のキー配置も覚える必要がある

スピーディーにタイピングをするなら「ローマ字入力」が基本！

「ローマ字入力」と「かな入力」には、それぞれメリットとデメリットがあります。

ローマ字入力のメリットは、覚えるキーの数が少ないことです。アルファベット26文字を覚えるだけで、日本語の入力が可能になります。使用するキーが少ないため、指の移動を抑えることができ、よりスムーズで素早い入力が可能になります。デメリットは入力するキーの数が増えることです。たとえば「か」と入力したい場合、 **K** と **A** 2つのキーを押さなくてはなりません。

かな入力では、1文字を打つ際のキー数が減らせるというメリットがある一方で、ひらがな46文字分のキーの位置を覚える必要があります。アルファベットを入力するためにはさらに26文字分のキー配置を覚える必要がある他、数字や記号を入力する際に入力切り替えを行わなければならないデメリットがあるため、手間が増えてしまいます。

本書では覚えるキーの数が少ない「ローマ字入力」を解説していきます。

操作に便利なその他の特殊キー

P.14では、日本語の入力に役立つ特殊キーを紹介しました。他にも日本語入力の際に必須ではありませんが、知っておくと便利な特殊キーがあります。エディターやワープロソフトの画面でカーソル位置を一気に移動するキーや、Windowsの各種操作が行えるキーなどがあり、通常はマウスを使って行う操作がキーボードのみでできるというメリットがあります。

① ⊞ キー（ウィンドウズキー）

⊞ キーを押すと「スタートメニュー」が表示されます。
←↑→↓ キーで項目を選択して Enter キーを押せば、アプリを起動したり設定画面を表示したりできます。

② 🖹 キー（アプリケーションキー）

🖹 キーを押すと、各ソフトのコンテキストメニュー（マウスを右クリックすると表示されるメニュー）が表示されます。エディターやワープロなど、文書作成用ソフトの各種機能にキーボードだけでアクセスできて便利です。覚えておいて損はないでしょう。

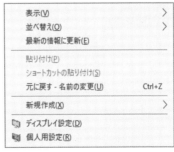

デスクトップ上で「アプリケーションキー」を押して表示されるメニュー画面

③ Fn キー（エフエヌキー）

複数の役割を持った特殊キーを使うのに必要なキーで、基本的にはノートパソコンに搭載されています。「Fn」キーが搭載されたキーボードのファンクションキーをよく見ると、「Fn」キーと同じ色で記号が書かれています。

Fn キーを押しながら、Fnキーに対応した特定のキー（製品によって異なりますが、F9 キーなど）を押すと、音量を上げたり、検索機能を呼び出したり、対応する機能を呼び出すことができます。

④ Print Screen キー（プリントスクリーンキー）

パソコンで表示中の画面をキャプチャし、画像として保存するためのキーです。画像編集ソフトなどで貼り付け作業を行えば、キャプチャした画像が確認できます。

⑤ Home キー（ホームキー）

エディターやワープロソフトの画面上にあるカーソルの位置を行の先頭に移動します。行頭にテキストを追加したい場合などに使うと便利です。

⑥ End キー（エンドキー）

Home キーとは逆に、カーソルの位置を行の末尾に移動します。こちらもカーソルを一気に移動したいときに便利です。

⑦ Page Up キー（ページアップキー）

エディターやワープロソフトの画面上にあるカーソル位置を1画面分上に移動します。スクロールが必要な長い文書を作成している際などに役立ちます。

⑧ Page Down キー（ページダウンキー）

Page Up キーとは逆に、カーソル位置を1画面分下に移動します。こちらも長い文書を作成している際に役立つキーです。

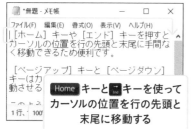

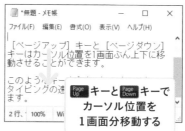

基本のキー入力を
マスターしよう

✓ メモ帳の起動と入力モードを理解する

✓「あいうえお」の5文字の練習する

✓ ひらがなの入力をマスターする

✓ 漢字やカタカナに変換する

基礎
知識

LESSON

01

POINT

- ▸ 「メモ帳」を起動する
- ▸ 入力モードを確認・変更する

入力モードとメモ帳を準備しよう

テキストエディター「メモ帳」を起動しよう

Chapter 1でキーボードの基本をマスターしたら、さっそくタイピング練習を開始しましょう。そのために、まずはタイピングができる環境を整えていきます。文章作成用のソフトを起動します。本書では、Windows標準のソフト「メモ帳」を使ってタイピングを練習します。※Windows 11の場合、「スタート」ボタンをクリックし、「すべてのアプリ」をクリック、アプリ一覧の「ま行」の中にある「メモ帳」を選択して起動します。

Windows 10

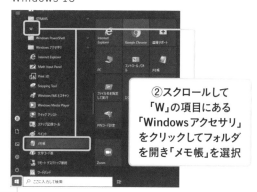

②スクロールして「W」の項目にある「Windowsアクセサリ」をクリックしてフォルダを開き「メモ帳」を選択

①左下の「スタート」ボタンをクリック

Mac標準のソフト「テキストエディット」

Macを使っている場合は「テキストエディット」を使いましょう。

● テキストエディットの起動の仕方

「Macintosh HD」を開く

「アプリケーション」の中から「テキストエディット」をダブルクリック

文章を自動で折り返すには？

メモ帳で長い文章を入力すると、改行しない限り文章が折り返されず、ウィンドウからはみ出してしまいます。

「右端で折り返す」設定に変更すると、テキストウィンドウの幅に合わせて自動で折り返され、スクロールせずに全文を確認することができます。

入力した文字がウィンドウからはみ出してしまう

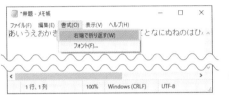

「書式」をクリックして「右端で折り返す」を選択

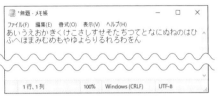

ウィンドウの幅で折り返された

入力モードを「ひらがな」にしよう

「メモ帳」を起動したら、Windows 標準の日本語入力ソフト「Microsoft IME」を確認します。Windows 8 以上のパソコンであれば、タスクバー右の通知領域（画面の右下）にIMEのアイコンが表示されているはずです。

アイコンには「あ」または「A」の文字が表示されており、前者は「ひらがな」入力モード、後者は「半角英数」入力モードであることを表しています。

このアイコンをクリックすることで、入力モードが切り替わります（キーボードの 半角/全角 キーを押すことでも切り替え可能です）。日本語を入力する際は、この表示を「あ」にして、「ひらがな」入力モードの状態にしておきましょう。

Macで「テキストエディット」を使用する場合も同様に、メニューバーの右側にある「あ」または「A」の文字が表示されているため、メニューバーから切り替えるか、かな キーを押して切り替えます。

「ひらがな」入力モードの状態　　「半角英数」入力モードの状態

基礎
知識

LESSON

02

まずはこの14個を
覚えるだけでOK！

POINT
▶ 日本語入力に最低限必要なキーを知る
▶ 母音と子音を知る

— まずは母音の「あいうえお」を打ってみよう

タッチタイピング習得の第一歩は、ひらがなを入力できるようになることです。
ローマ字入力では、母音と子音を組み合わせることで、すべてのひらがなを入力することができます。まずは、母音である「あいうえお」に対応する **A** **I** **U** **E** **O**
の5個のキーの位置を確認しましょう。

その他のひらがなは、子音と母音の組み合わせで入力するため（ **K** キーと **A** キーで
「か」となる）、まずはこの5つのキーをしっかり覚えることが大切です。

「う」を入力する **U** キー
「お」を入力する **O** キー
「い」を入力する **I** キー
「あ」を入力する **A** キー
「え」を入力する **E** キー

NOTE

P.28で起動したメモ帳を使って実際に母音の5文字を入力して
みましょう。「aiueo」とアルファベットで入力されてしまったら、
P.29を参考に入力モードを見直してみてください。

子音を入力するキーを確認しよう

母音に対応するキーの場所を覚えたら、次は子音（「かさたな」など）に対応するキーをチェックしましょう。

「か行」を入力するための K をはじめ、「さ行」の S 、「た行」の T 、「な行」と「ん」を入力するための N 、「は行」の H 、「ま行」の M 、「や行」の Y 、「ら行」の R 、「わ行」の W の9個です。

母音のキー 5個と合わせても、たったの14個。これらのキーを覚えるだけで、基本的なひらがなが入力できるようになります。

「わを」の入力をする W キー
「らりるれろ」の入力をする R キー
「たちつてと」の入力をする T キー
「やゆよ」の入力をする Y キー
「はひふへほ」の入力をする H キー
「かきくけこ」の入力をする K キー
「さしすせそ」の入力をする S キー
「なにぬねの」「ん」の入力をする N キー
「まみむめも」の入力をする M キー

☐ …母音の入力に必要なキー
▦ …子音の入力に必要なキー

COLUMN

濁音や記号の入力はどうする？

ここで紹介した14のキーだけでは「が」「ざ」「だ」などの濁音や「ぱ」「ぷ」などの半濁音が入力できません。他にも「。」「、」のような句読点、記号、数字、アルファベットなども覚えていきますが、こうした記号はChapter 3（P.52～）で練習していきます。

基礎
知識

LESSON

03

あいうえおの入力を
マスターしよう

POINT

▶ 母音「あいうえお」5文字の入力を覚える
▶ タイピング後ホームポジションに指を戻す

あいうえおの位置をしっかりマスター

ここからは実際にさまざまなタイピングを練習しながらひらがなの入力をマスターして
いきましょう。まずは母音の5文字「あ」「い」「う」「え」「お」から始めます。

「ローマ字入力」は、基本的に母音と子音の組み合わせでひらがなを入力するため、
1文字の入力に2つのキーを押す必要がありますが、母音である「あ〜お」に関しては、
1つのキーを押すだけで入力できます。さっそくメモ帳に「あ」「い」「う」「え」「お」
と入力して Enter キーで確定してみましょう。

U キーは右手人差し指
I キーは右手中指
O キーは右手薬指
入力を確定する Enter キーは右手小指

A キーは左手小指
E キーは左手中指

左手のホームポジション F キーは左手人差し指
右手のホームポジション J キーは右手人差し指

ホームポジションである F に左手人差し指、J に右手人差し指を置きつつ、
左手小指を A（あ）、左手中指を E（え）、右手中指を I（い）、右手薬指
を O（お）の上に置けば、そのまま「あいえお」の4文字が入力できます。

ホームポジションから指を動かさずに入力することを意識する

左ページの図で解説したように、「あ〜お」を入力するための5つのキーのうち **A I E O** の4つは、ホームポジションに人差し指を置いた状態で押すことができます。しかし、右手人差し指で押す **U** キーだけは、ホームポジションの **J** から指を少し上に動かす必要があります。
その際も、入力後は指をホームポジションに戻すことを意識しましょう。

これらのキーは日本語入力の基本です。ホームポジションをしっかり意識しつつ、間違いなく押せるようにしておきましょう。

打ち間違ってしまった場合は？

E を押そうとして **W** を押してしまったり、**E** **R** を両方押してしまったりというような入力ミスは誰にでもあります。そんなときは **Back Space** キーを押せば、入力した文字を削除できます。

タイピングしてみよう　　　　　　　　Let's Practice!

あい（愛）	A I
いう（言う）	I U
うえ（上）	U E
いえ（家）	I E
おい（甥）	O I
あおい（葵）	A O I
いいあい（言い合い）	I I A I

MEMO

単語を押すごとに **Enter ↵** キーを右手小指 **I** で押して確定しましょう。

NOTE

例文に加えて、「あいうえお」を繰り返し入力して感覚をつかんでおくと、このあとのひらがな入力が楽になります。

基礎知識

LESSON
04

「か」「さ」「た」「な」行を マスターしよう

POINT
- ▶ K は右手中指、 S は左手薬指
- ▶ T は左手人差し指、 N は右手人差し指

─「か行」「さ行」「た行」「な行」の入力 ─

「あいうえお」の入力をマスターしたら、子音の入力を練習していきましょう。「か行」は K キー、「さ行」は S キー、「た行」は T キー、「な行」は N キーに、母音の A I U E O キーを組み合わせることで入力します。

NOTE

ここからはさらにホームポジションから指を移動させることが多くなってきます。入力が終わったら指をホームポジションに戻すことを心がけましょう。

Tキーは左手人差し指

Kキーは右手中指

Sキーは左手薬指

Nキーは右手人差し指

MEMO

「かきくけこ」の入力
か K ＋ A
き K ＋ I
く K ＋ U
け K ＋ E
こ K ＋ O

「さしすせそ」の入力
さ S ＋ A
し S ＋ I
す S ＋ U
せ S ＋ E
そ S ＋ O

「たちつてと」の入力
た T ＋ A
ち T ＋ I
つ T ＋ U
て T ＋ E
と T ＋ O

「なにぬねの」の入力
な N ＋ A
に N ＋ I
ぬ N ＋ U
ね N ＋ E
の N ＋ O

タイピングしてみよう

Let's Practice!

かき（柿）	K	A	K	I		

かき（柿）　K A K I

こけ（苔）　K O K E

くに（国）　K U N I

しさ（示唆）　S I S A

そせい（蘇生）　S O S E I

たて（盾）　T A T E

なす（茄子）　N A S U

ねこ（猫）　N E K O

つち（土）　T U T I

との（殿）　T O N O

にし（西）　N I S I

ぬきうち（抜き打ち）　N U K I U T I

慣れてきたら少し長めのタイピングも挑戦してみよう

あくのてさき（悪の手先）

A K U N O T E S A K I

くちたいせき（朽ちた遺跡）

K U T I T A I S E K I

基礎
知識

「は」「ま」「や」「ら」「わ」行を
マスターしよう

LESSON

05

POINT

▶ H M Y は右手人差し指⬆
▶ R は左手人差し指⬆、W は左手薬指⬆

「は」「ま」「や」「ら」「わ」行の入力

「は行」は H キー、「ま行」は M キー、「や行」は Y キーと母音の組み合わせで入力します。「ら行」は R キー、「わ行」の「わ」「を」は W キーと子音の組み合わせで入力しますが、「ん」は N キーを2回押して入力します。

NOTE

「は行」の「ふ」は、通常のローマ字表記の「FU」でも入力できます。

W キーは左手薬指⬆   R キーは左手人差し指⬆   H M Y N キーは
右手人差し指⬆

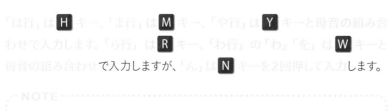

キー1回で「ん」を入力できるケース

「ん」の入力は N を2回押すのが基本ですが、文の途中に入っている場合は1回の入力で済む場合があります。たとえば「さんか」と打つ際は S A N K A となり、1回打つのみでOKです。
ただし「ん」のあとに「な行」が続く場合などは、注意が必要です。たとえば「せんの」は S E N O と打つと「せんお」と入力されてしまうため、S E N N O のように N を省略せず必ず2回打つ必要があります。

MEMO

「はひふへほ」の入力
は H ＋ A
ひ H ＋ I
ふ H ＋ U
へ H ＋ E
ほ H ＋ O

「まみむめも」の入力
ま M ＋ A
み M ＋ I
む M ＋ U
め M ＋ E
も M ＋ O

「やゆよ」の入力
や Y ＋ A
ゆ Y ＋ U
よ Y ＋ O

「らりるれろ」の入力
ら R ＋ A
り R ＋ I
る R ＋ U
れ R ＋ E
ろ R ＋ O

「わをん」の入力
わ W ＋ A
を W ＋ O
ん N ＋ N

タイピングしてみよう

ひふ（皮膚）　　H I H U

まめ（豆）　　M A M E

はなみ（花見）　　H A N A M I

みほん（見本）　　M I H O N N

ゆれる（揺れる）　　Y U R E R U

とりはむ（鶏ハム）　　T O R I H A M U

ふろのゆ（風呂の湯）　　H U R O N O Y U

やまもり（山盛り）　　Y A M A M O R I

むりやり（無理やり）　　M U R I Y A R I

さらをわる（皿を割る）　　S A R A W O W A R U

ふへいふまん（不平不満）　　H U H E I H U M A N N

わこんようさい（和魂洋才）　　W A K O N N Y O U S A I

慣れてきたら少し長めのタイピングも挑戦してみよう

なつめろをかける（懐メロをかける）

N A T U M E R O W O K A K E R U

へやのなかにまねきいれる（部屋の中に招き入れる）

H E Y A N O N A K A N I

M A N E K I I R E R U

基礎
知識

LESSON
06

濁音・半濁音の
入力方法をマスターしよう

POINT
▶ G Z D B P キーを使う
▶ 「じ」は「ZI」「JI」2通りの入力が可能

日本語入力に欠かせない濁音・半濁音

日本語の文章を作成する際、「が」や「じ」などの濁音や、「ぱ」「ぴ」「ぷ」といった半濁音の入力は避けられません。濁音・半濁音をローマ字入力で打つ場合、P.32〜36で練習したひらがな入力では使わなかった G Z D B P キーが登場します。

ここでは、濁音・半濁音の入力方法を解説していきます。ホームポジションからスムーズに打てるように、何度も練習しましょう。

D キーは左手中指

P キーは右手小指

Z キーは左手小指

G と B キーは左手人差し指

MEMO

「がぎぐげご」の入力
が G + A
ぎ G + I
ぐ G + U
げ G + E
ご G + O

「ざじずぜぞ」の入力
ざ Z + A
じ Z + I
ず Z + U
ぜ Z + E
ぞ Z + O

「だぢづでど」の入力
だ D + A
ぢ D + I
づ D + U
で D + E
ど D + O

「ばびぶべぼ」の入力
ば B + A
び B + I
ぶ B + U
べ B + E
ぼ B + O

タイピングしてみよう

ござ（ゴザ）	G O Z A
がまぐち（がま口）	G A M A G U T I
ぎじどう（議事堂）	G I Z I D O U
ぶぶづけ（ぶぶ漬け）	B U B U D U K E
でんぱ（電波）	D E N P A
ずぼん（ズボン）	Z U B O N N
ぷりん（プリン）	P U R I N N
ぺだる（ペダル）	P E D A R U
べらんだ（ベランダ）	B E R A N D A
はなぢをだす（鼻血を出す）	H A N A D I W O D A S U
ぴんぽんだま（ピンポン玉）	P I N P O N D A M A

> **「じ」の入力**
> **方法は2通り**
>
> 「じ」は「ZI」以外に「JI」とも入力できます。こちらはホームポジションから指を動かさずに入力できます。やりやすい方法を選びましょう。

慣れてきたら少し長めのタイピングも挑戦してみよう

しごとがえりのばんごはん（仕事帰りの晩御飯）

S I G O T O G A E R I N O
B A N G O H A N N

ばじるあじのぱすたとびびんぱをたべる（バジル味のパスタとビビンパを食べる）

B A Z I R U A Z I N O P A S U T A
T O B I B I N P A W O T A B E R U

基礎
知識

小さい「ゃゅょ」「っ」の 入力方法をマスターしよう

LESSON
07

▶ 拗音と促音を理解する

▶ 拗音と促音を組み合わせた単語を入力する

拗音はおもに3つのキーを組み合わせる

「きょ」や「りゃ」など、ひらがなに「ゃ」「ゅ」「ょ」「ぁ」「ぃ」「ぅ」「ぇ」「ぉ」をつける拗音の入力方法を覚えましょう。

拗音は、基本的に3つのキーを使います（2つの場合もあります）。たとえば「きゃ」と入力するには、「き」（KI）の子音である K に「ゃ」（YA）を組み合わせて「KYA」と入力します。「にゅ」なら「NYU」となります。

拗音にはたくさんの種類があります。P.94～95のローマ字かな変換表も参考にしながら練習しましょう。

COLUMN 小さい「あいうえお」はどう入力する？

小さい「ぁ」を使いたい場合は、X A または L A と入力します。「ぃ」なら X I または L I です。なお、X キーか L キーと組み合わせることで「ゃ」「ゅ」「ょ」「ゎ」「っ」も単体で入力できます。

> MEMO
>
> 「拗音」の入力の一例
>
> きゃ K + Y + A
> きゅ K + Y + U
> きょ K + Y + O
>
> しゃ S + Y + A
> しゅ S + Y + U
> しょ S + Y + O
>
> ※ローマ字かな変換表には、主な拗音の入力方法が記載されています。

促音の入力方法を覚える

「待って」「とっくに知っていた」など、小さい「っ」を使った言葉も練習していきます。この「っ」のことを促音といいます。

促音は「っ」の直後に打つキーを2回押すことで入力できます。たとえば「かって」なら「っ」の後ろは「て」（TE）なので、「KATTE」のように打ちます。「そっき」なら「SOKKI」です。

> MEMO
>
> 「促音」の入力例
>
> かって
> K A T T E
> そっき
> S O K K I
>
> ※促音の直後のキーを2回押す

タイピングしてみよう

さっか（作家） | S | A | K | K | A

らっぱ（ラッパ） | R | A | P | P | A

ちゃっと（チャット） | T | Y | A | T | T | O

きょしゅ（挙手） | K | Y | O | S | Y | U

じゅじゅつ（呪術） | J | U | J | U | T | U

はっぴょう（発表） | H | A | P | P | Y | O | U

しゃみせん（三味線） | S | Y | A | M | I | S | E | N | N

りゅうきゅう（琉球） | R | Y | U | U | K | Y | U | U

みょうじょう（明星） | M | Y | O | U | J | O | U

ひょうかきじゅん（評価基準） | H | Y | O | U | K | A | K | I | J | U | N | N

らっこのぎゃくしゅう | R | A | K | K | O | N | O
（ラッコの逆襲） | G | Y | A | K | U | S | Y | U | U

訓令式とヘボン式による
入力の違い

ローマ字変換表のP.95を見るとわかるように、「しゃしゅしょ」や「ちゃちゅちょ」は「SY-」「SH-」、「TY-」「CH-」にそれぞれ母音を組み合わせて打つ2通りの方法があります。慣れてきたら自分が打ちやすい方法に変えてに問題ありません。

慣れてきたら少し長めのタイピングも挑戦してみよう

しゅうがくりょこうはきょうとにけってい（修学旅行は京都に決定）

S | Y | U | U | G | A | K | U | R | Y | O | K | O | U | H | A

K | Y | O | U | T | O | N | I | K | E | T | T | E | I

---- NOTE ----

じ(ゃ)(ゅ)(ょ)の打ち方は「JY-」「J-」「ZY-」に母音を組み合わせる3通りの方法があります（P.95のローマ字かな変換表を確認してみましょう）。ここでは「じゃ」は **J** **A**、「じゅ」は **J** **U**、「じょ」 **J** **O** と簡単に打てる **J** を採用しています。

入力したひらがなを漢字やカタカナに変換してみよう

LESSON

08

POINT
- ▶ 変換のしくみをマスターする
- ▶ 入力した文字を漢字とカタカナに変換する

入力→変換→確定の流れを理解する

ここまでで基本的なひらがなが入力できるようになりました！
次は入力した文字を変換する方法を覚えましょう。

① 文字を入力

メモ帳を開いて「はかる」 **H A K A R U** と入力してみて
ください。入力後は **Enter** キーを押さずに次の動作に移ります。

※以下はIMEの設定の「予測入力を使用する」をオフにした状態で操作を行っています。

「はかる」 **H A K A R U** と入力した

変換候補を表示する

文字列が入力できたら、左手親指 🖐 で **Space** キーを押しましょう。「はかる」の文
字が漢字に変換されます。

その際、別の漢字に変換したい場合は、もう一度 **Space** キーを押して、変換候補の
一覧を表示させましょう。

② **Space** キーを押す

Space キーを押すと「はかる」が漢字に変換
された

③変換候補の一覧が表示された状態

もう一度 **Space** キーを押すと
変換候補の一覧が表示される

── 候補を選択して確定する

変換候補が表示されたら、Space キーを何度か押して、変換したい漢字を選択しましょう。Enter キーを押すと変換が確定されます。文字の下のラインが消え、変換が確定されました。

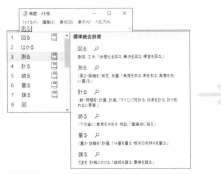

Space キーを何度か押して変換候補を選択

④文字の下のラインが消え、変換が確定された

Enter キーで変換を確定した

── 続けて文章を入力する

漢字の変換を確定したら、その後ろに続けて「きかい」と入力し、変換してみましょう。このように、ひらがなを入力 → Space キーで漢字変換 → Enter キーで確定という操作を繰り返すのが、タイピングの基本です。

確定した文字の後ろに続けて入力し、先程と同じように変換する

変換候補選択時の注意点

変換候補を選択する際、Space キーを押しすぎて目的の漢字を通り過ぎてしまったら、Shift キーを押しながら Space キーを押しましょう。逆方向に移動できます。

カタカナに変換する

入力した文字をカタカナに変換する場合も同様に Space キーを使って変換します。試しに「らいおん」と入力して Space キーを押してみてください。その他、F7 キーを押してカタカナに変換する方法もあります。

Space キーを押して漢字と同じ要領で変換できた

F7 キーを押すと直接カタカナに変換できる

COLUMN

43

基礎
知識

まとまった文章を
入力・変換してみよう

LESSON

09

POINT

▶ **文節ごとに変換する方法を知る**
▶ **スムーズな変換をマスターする**

スムーズな変換でスピードアップ

タイピングでスピードアップを図るには、スムーズな変換が重要です。前のLessonでは「はかる」「きかい」をそれぞれ別に入力→変換→確定しましたが、1つのまとまった文章を一気に変換すると効率的に文章を打てるようになります。

試しに「おいしいおかしをもらう」とまとめて入力して Space キーを押してみましょう。IMEが自動的に文節で区切って変換してくれることがわかります。

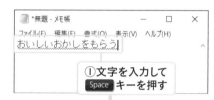

「おいしいおかしをもらう」と入力して Space キーを押す

文節ごとに区切られて変換された

文節ごとに変換候補を選ぶ

文節で分けられて変換されたところで再度 Space キーを押すと、最初の文節「おいしい」の変換候補が表示されます。

変換候補を選択したら、矢印の → キーを押して次の文節に移動しましょう。

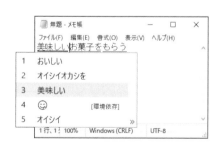

Space キーを押して最初の文節の変換候補を選び、
→ キーを押して次の文節に移動する

NOTE

ここで Enter キーを押してしまうと、後ろの文節も確定されてしまいます。注意してください。

— 最後の文節まで変換候補を選んだら確定する

すると次の文節「おかしを」に移動するので、同じようにして Space キーで変換候補を選びましょう。こうした作業を続けて最後の文節まで変換候補を選んだら、Enter キーで変換を確定させます。

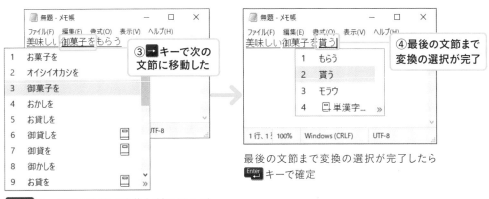

③→キーで次の文節に移動した

④最後の文節まで変換の選択が完了

最後の文節まで変換の選択が完了したら Enter キーで確定

Space キーで次の文節の変換候補を選んだら、再度→キーで次に移動

COLUMN

文節の位置は調整できる

まとまった文章を入力して変換を行うと、自動的に文節で区切られますが、Space キーを一度押したあと、Shift キーを押しながら ← → キーを押すことで、文節の位置を調整できます。意図していたのと違う位置で区切られたときに便利な操作なので、必ず覚えておきましょう。

Space キーを押したあと、Shift キーを押しながら ← → キーを押す

文節の位置が変更された

基礎
知識

LESSON

10

POINT

▸ 削除して打ち直す
▸ 漢字の変換ミスには再変換で対応する

確定したあとの 文字列を修正するには？

タイピングミスは削除して打ち直そう

入力・変換を確定してしまったあとで、ミスに気付いたり、別の漢字に修正したいと思う場面はよくあります。

修正する方法はいくつかありますが、もっともシンプルなのは、 Back Space キーを押して文字を削除し、もう一度入力し直すというやり方です。

Back Space キーを1回押すと、カーソルの直前にある1文字が削除されます。削除したい文字の後ろに ← → キーでカーソルを移動してから、消したい文字の数だけ Back Space キーを押しましょう。

「BackSpace」キーを使った削除の方法

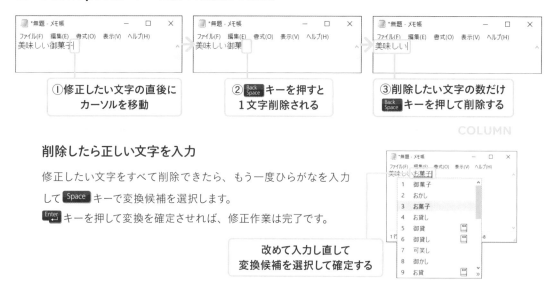

①修正したい文字の直後に
カーソルを移動

② Back Space キーを押すと
1文字削除される

③削除したい文字の数だけ
Back Space キーを押して削除する

COLUMN

削除したら正しい文字を入力

修正したい文字をすべて削除できたら、もう一度ひらがなを入力して Space キーで変換候補を選択します。
Enter ↵ キーを押して変換を確定させれば、修正作業は完了です。

改めて入力し直して
変換候補を選択して確定する

間違った漢字変換で確定してしまった！ そんな時に使える再変換

「美味しいお菓子」と入力したかったのに「美味しい御菓子」と異なる漢字に変換してしまった、そんなときには修正したい文字を選択して変換し直す方法があります。

再変換の方法

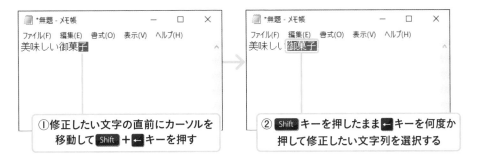

① 修正したい文字の直前にカーソルを移動して Shift + ← キーを押す

② Shift キーを押したまま ← キーを何度か押して修正したい文字列を選択する

修正したい文字を選択した状態にしたら、右手親指、で 変換 キーを押します（ Space キーの右横にあります）。すると変換候補が表示されるので、候補を選択し直しましょう。

③ 変換 キーを押すと変換候補が表示される（この時 Space キーを押すと選択した文字列が削除されるので注意）

COLUMN

カーソルの位置に注意する

「メモ帳」をはじめ、文書作成ソフトでは、文字の入力位置にカーソル（点滅する縦線）が表示されています。文字の修正を行う際には、このカーソルの位置が重要です。マウスで該当位置をクリックして移動することもできますが、← → キーを使って移動した方が、キーボードから手を離さなくていいので効率的です。

カーソルは ← → キーで移動できる

お品書き O S I N A G A K I

海苔ハム N O R I H A M U

味噌田楽 M I S O D E N
G A K U

サンマの塩焼き

S A N M A N O S I O Y A K I

今日のおすすめ定食アジフライのミックス定食

K Y O U N O O S U S U M E T E I S
Y O K U A Z I H U R A I N O M I K
U S U T E I S Y O K U

栄養たっぷりドレッシングサラダ

E I Y O U T A P P U R I D O R E S
S I N G U S A R A D A

おおきな桃とミカンのパフェ

O O K I N A M O M O T O M I K A N
N N O P A F E

ココナッツオイル使用の豆乳ラテ

K O K O N A T T U O I R U S I Y O
U N O T O U N Y U U R A T E

あぁいらっしゃいませ

A L A I R A S S Y A I M A S E

ご注文はお決まりですか

G O T Y U U M O N H A O K I M A
R I D E S U K A

今日のおすすめ定食をお願いします

K Y O U N O O S U S U M E T E I
S Y O K U W O O N E G A I S I M
A S U

付け合わせに味噌田楽で

T U K E A W A S E N I M I S O D
E N G A K U D E

慣れてきたら少し長めのタイピングも挑戦してみよう ·············

今月の特別セットは特製ダレを使ったスペシャルうな重です

K O N G E T U N O T O K U B E T
U S E T T O H A T O K U S E I D
A R E W O T U K A T T A S U P E
S Y A R U U N A J U U D E S U

変換はどのタイミングで行うのがよい？

Chapter 2のLesson08（P.42）では単語ごとに変換する方法、Lesson09（P.44）ではまとめて入力して文節ごとに変換する方法を紹介しました。ここでは、適切な変換のタイミングについて考えてみましょう。

単語ごとに変換していく方法は、変換候補が違っていてもすぐに直せるメリットがあります。しかしキーを何度も押す必要があるので、 Space キーを押す回数自体は増えてしまいがちです。

　一方、ある程度まとまった文章を入力してから変換を行う場合は、頭の中にある文章をそのまま打てるという利点があります。

ただし、文節ごとに変換候補を選ぶ際、 → キーを押して文節を移動させる場面が出てきてしまいます。また、自動で分けられた文節が間違っていた場合は、 Shift キーを押しながら ← → キーを押して位置を調整する必要があるのも面倒でしょう。最近のIMEは賢くなってきたので、たいていは正しく分けられますが、漢字に変換されてしまった単語をあえてひらがなにしたいなど、細かな調整も必要になってきます。

キーボードの種類によって異なりますが、この ← → キーはメインのキーから少し離れた位置にあることが多く、右手がホームポジションから離れてしまいます。これは効率のよいタッチタイピングを行ううえであまり望ましくありません。

そのため、文章を打つときは少ない文節ごとに区切って変換作業を実行すると効率的なタイピングが実行できるでしょう。

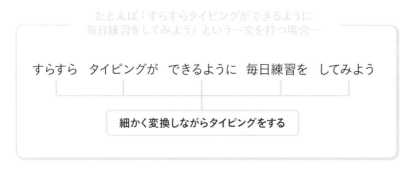

たとえば「すらすらタイピングができるように
毎日練習をしてみよう」という一文を打つ場合…

すらすら　タイピングが　できるように　毎日練習を　してみよう

細かく変換しながらタイピングをする

さまざまな種類の入力を
マスターしよう

- ✓ キーの印字の意味を知る
- ✓ アルファベットの入力をマスターする
- ✓ 数字の入力をマスターする
- ✓ 記号の入力方法を知る

基礎
知識

全角入力と半角入力の
違いを知る

LESSON

01

POINT

▶ 全角入力と半角入力の違い

▶ Shift キー、ファンクションキーを使った変換方法

全角文字と半角文字の違い

全角文字とは、ひらがなや漢字など、文字の縦と横のサイズ比が1対1の文字のことです。これらの文字は「ひらがな」「全角カタカナ」「全角英数」入力モードで入力されます（入力モード変換の方法はP.29を参照）。半角文字は「半角英数」入力モードで入力できる縦長の文字で、アルファベット、数字、記号が用意されています（半角のカタカナもあります）。半角文字にはひらがなや漢字はありません。

全角文字と半角文字

	例	入力モード
全角文字	ＡＢＣＤＥＦＧＩ２３４５６７８９０	「ひらがな」「全角カタカナ」「全角英数」
半角文字	ABCDEFG1234567890	「半角カタカナ」「半角英数」

メールアドレスやURL

メールアドレスやWebサイトのURLを入力する際は、必ず半角文字を使いましょう。

「ひらがな」入力モードのまま半角の英字を入力するには？

「ひらがな」入力のまま、Shift キーを押しながらアルファベットの文字キーを押すと、入力モードを切り替えずに半角英字を入力することができます。

この方法を知っておくと、日本語と半角英字が混在する文章を作成する際、半角/全角 キーや画面右下のIMEのメニューを押して入力モードを切り替える手間を省くことができて便利です。

ただし、Shift キーを押したまま入力すると単語のすべてがアルファベットの大文字で入力されてしまいます。小文字で入力したい場合は 変換 キーを押して候補を選択しましょう（Space キーでは変換できません）。

英語で入力したい文字は Shift キー
を押しながら入力すると、半角アル
ファベットで入力できる

② Shift キーを離し、再度 Shift キー
を押すと日本語が入力できる

小文字に変換する

変換 キーを押して
変換候補を表示

小文字に変換したいときは 変換 キー
を押すと変換候補が表示される

冒頭の1文字のみ大文字にする

英文を入力する際など、冒頭の1文字のみ大文字で他は小文字の単語を入力したいと
きは、大文字にしたい冒頭の1文字を入力する時のみ Shift キーを押しましょう。続け
て入力する文字は自動的に小文字で入力されます。

冒頭のみ Shift キーを押して入力

冒頭の1文字のみ Shift キーを押すと、
その後の文字は小文字の半角英数で
入力される

キーボードの上部に並ぶファンクションキーは、使用しているソフトごとに機能が割り当てられる特殊なキーです。Microsoft IMEでは、 F6 ～ F10 のファンクションキーを使うと、全角や半角、ひらがなやカタカナを切り替えられます。

全角の英数字に変換するには F9 キーを、半角の英数字に変換するには F10 キーを使います。

キーボード上部の
ファンクションキーのうち
F6 ～ F10 キーは
変換時に活用できます

「ひらがな入力」モードで「twitter」と入力した。この状態で F10 キーを押す

押したアルファベットのキー通り「twitter」と半角英字に変換された

※ Enter キーで変換を確定する前に F10 を何度か押すと「TWITTER」「Twitter」と複数の変換パターンが表示される

NOTE

ファンクションキーを押すことによって、ホームポジションから大きく手が離れてしまうため、はじめは「Shift」キーや入力モードの変換で対応し、タイピングに慣れてきたら少しずつファンクションキーを使った変換を取り入れていくとよいでしょう。

変換に使えるファンクションキー

	F6	F7	F8	F9	F10
文字キー	全角ひらがな あいう	全角カタカナ アイウ	半角カタカナ アイウ	全角英字 ａｉｕ	半角英字 aiu
数字キー	全角数字 １２３	全角数字 １２３	半角数字 123	全角数字 １２３	半角数字 123

IMEの設定を見直してより快適なタイピングを

IMEメニューのプロパティ画面から「詳細設定」を開くと、さまざまな設定ができます。

「予測入力を使用する」にチェックを入れておくと、これまでタイピングしてきた入力履歴や辞書データをもとに、タイピング中に文字列を予測して表示してくれるため、入力を効率化できることがあります。

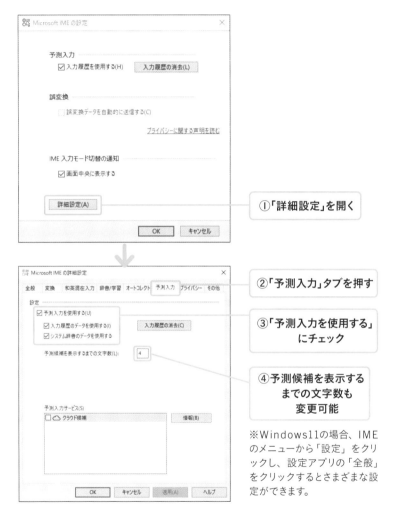

① 「詳細設定」を開く

② 「予測入力」タブを押す

③ 「予測入力を使用する」にチェック

④ 予測候補を表示するまでの文字数も変更可能

※Windows11の場合、IMEのメニューから「設定」をクリックし、設定アプリの「全般」をクリックするとさまざまな設定ができます。

また、それ以外にも「変換」タブでは変換候補一覧に表示する文字種の設定や、「オートコレクト」タブでは入力ミスを自動的に訂正してくれる機能の設定が可能です。「詳細設定」を確認して、自分にあった設定を選びましょう。

LESSON

02

アルファベットをマスターして
すべての文字キーを攻略！

POINT

▶ 英文の入力に慣れる
▶ 英大文字の入力方法を知る

アルファベットを順番に打ってみよう

ここまで、基本的な日本語入力を練習してきました。日本語入力のために、ローマ字
入力を使ってきたことで、ある程度アルファベットの打ち方はマスターできているはず
です。ただし、英単語やURL、メールアドレスなどを入力するには、日本語入力では
あまり使わないアルファベットの文字キーも使うことになります。

英語を入力する際は、[半角/全角]キーを押して、「半角英数」入力モードに切り替
えてから行いましょう。現在の入力モードはIMEのアイコンで確認できますが
（P.29参照）、「A」と表示されていればOKです。

「A」と表示されていれば「半
角英数」入力モード

まずは「ABCDEFGHIJKLMNOPQRSTUVWXYZ」のキーの位置を確認
しながら、アルファベット26文字を順番に入力してみましょう。

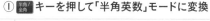

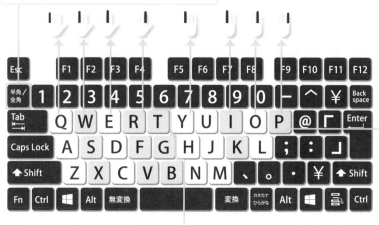

① [半角/全角]キーを押して「半角英数」モードに変換

② [A]から[Z]まで順番に
キーを押していく

左手で担当する領域 ← → 右手で担当する領域

英語の大文字・小文字は Shift キーで変更できる

キーの位置がひと通り確認できたら、英単語の入力を練習しましょう。

Microsft IMEの初期設定では、「半角英数」モードでキーを押すと小文字が入力されるようになっています（ A B C と入力すると「abc」と入力されます）。

英文入力時など、冒頭の1文字を大文字にしたいときは、 Shift キーを押しながら文字キーを押すと大文字で入力できます。

NOTE

Cat C A T

本書では、タイピング時にわかりやすいよう、
小文字のアルファベットは　　、
大文字のアルファベットは　で表しています。

MEMO

P.52の「ひらがな入力モードのまま半角の英字を入力するには?」もチェックしましょう。

タイピングしてみよう

Let's Practice!

MEMO

「I」「T」「A」などの大文字は Shift キーを押しながら文字キーを押します。

try	T R Y
check	C H E C K
question	Q U E S T I O N
I live in Tokyo	I L I V E I N T O K Y O

「I」「live」「in」「Tokyo」の間は Space キーを入力して半角スペースをあけましょう

半角/全角 キーを押さずに英字入力する場合は、
Shift キーを押しながら A を入力

彼(かれ)はApple製品(せいひん)のファンだ

K A R E H A A P P L E S E I H I N

N N O F A N D A

ここでもう一度 Shift キーを押すと、
続けて日本語入力ができる

数字の入力をマスターしよう

LESSON

03

POINT

▶ 数字の効率的な入力方法を知る
▶ 数字のみの入力と文章中にある数字の入力を練習する

入力モードを切り替えなくてもOK

数字の入力は、アルファベットの文字キーの上に並ぶ数字キーで行います。ホームポジションから指を上に移動することになりますが、反復練習でスムーズに入力できるようになりましょう。

P.52で説明したように、数字にも全角文字と半角文字があります。「ひらがな」入力モードで数字キーを押すと全角数字が、「半角英数」入力モードでは半角数字が入力されますが、「ひらがな」入力モードのまま半角数字を入力することもできます。

半角数字を入力する3つの方法

方法① 半角/全角 キーで「半角英数」入力モードに切り替えてから入力する

方法② 数字を入力したあと F8 キーを押す

方法③ 数字を入力したあと Space キーで変換して候補を選択する

1 ～ **0** の数字キーはキーボードの上部にあります。それぞれ指の担当をしっかり守ることでスムーズなタッチタイピングをマスターできるようになります

タイピングしてみよう

1427308569   1 4 2 7 3 0 8 5 6 9

314159265359   3 1 4 1 5 9 2 6 5 3 5 9

今日は12月29日   K Y O U H A 1 2 G A T U
2 9 N I T I

5万8029円です   5 M A N 8 0 2 9 E N D E
S U

7丁目のマンション6034号室

7 T Y O U M E N O M A N S Y O N 6
0 3 4 G O U S I T U

4093円と1057円の合計は5150円

4 0 9 3 E N T O 1 0 5 7 E N N N O
G O U K E I H A 5 1 5 0 E N N

NOTE

文章の中に数字の入力がある場合は、都度入力モードを切り替えず、P.58の②か③の方法で半角数字に変換するとスピードアップできます。

MEMO

すべて半角数字で入力してみましょう。

COLUMN

テンキー付きキーボードを利用する

キーボードにテンキーが付いている場合は、数字の入力にテンキーを使うのもオススメです。右手がホームポジションから大きく離れてしまうので、かな漢字や英字と数字が混在している文章を作るのには向きませんが、表計算ソフトでたくさんの数字を連続して打つようなケースでは、非常に効率よく入力できます。テンキーもキーを押す指が決まっています。

キーに印字されている
文字や記号を知ろう

POINT

▶ キーの印字を理解する
▶ モードによって入力される文字が変わる

ローマ字入力ではキーのひらがな印字は気にしない

お使いのキーボードをよく見てみると、日本語キーボードならば最大で4つの文字が印字されているはずです。キーボードに印字されている文字の見方、打ち方をチェックしておきましょう。

キーの印字と入力される文字

ローマ字入力ではこれらの4つの印字のうち、「あ」「ぁ」といったひらがなは無視してください（かな入力でのみ使います）。ローマ字入力では、文字キーを押すと対応するひらかなかアルファベット、数字キーを押すと印字された数字がそのまま入力されます。

1つのキーに最大で
4つの印字がある

このキーでは入力モードによって「あ」か「A」
が入力される

このキーでは
「1」が入力される

NOTE

文字キー、数字キーともに「ち」や「ぬ」といったひらがな印字を
気にする必要はありません。

記号や数字キーに印字された文字を入力する

文字キーや数字キー以外のキーの場合、入力モードによって入力される文字が変わります。以下の図のようにキーボード右上にある「「」キーを参考に説明していきましょう。IMEの入力モードが「ひらがな」の場合（P.29参照）、右上に印字された「゜」が入力されます。半角/全角 キーを押して「半角英数」入力モードに切り替えると、左下に印字された「[」が入力されます。

残りの左上の文字「{」は、Shift キーを押しながらキーを押すことで入力できます。なお、前述したように右下の印字「゜」は、ローマ字入力では入力しません。

Shift キーを押している場合は「{」（「ひらがな」入力モードでは全角の「｛」）が入力される

「ひらがな」入力モードの場合「「」が入力される

「半角英数」入力モードの場合「[」が入力される

ローマ字入力では無視してOK

COLUMN

右上の印字がないキーは？

記号などが印字されたキーの中には、右上の印字がないものもあります。この場合は「ひらがな」「半角英数」どちらの入力モードでも左下の文字が入力されます。

右上に印字がない

モードに関係なく入力される文字

基礎
知識

LESSON

05

POINT

「。」「、」「ー」「?」「!」の 入力方法を覚えよう

▶ 句読点・長音符・疑問符・感嘆符を入力する
▶ 日本語入力はこれでバッチリ

日本語入力に必須の記号「、」「。」「ー」

日本語の文章では句点「。」や読点「、」の入力をマスターすることも必要です。特に長文を入力する際には、これらの句読点は欠かせません。

日本語キーボードには、句点と読点のキーが個別に用意されています。句点「。」は右手の薬指 ┃、読点「、」は右手の中指 ┃ で入力します。どちらもホームポジションから下に指を移動させる必要があるので、指の動きを練習する必要があります。

また、「らーめん」など長音符「ー」（音引き）を使う言葉もたくさんあります。長音符のキーは右手の小指 ┃ で押す位置にあります。

MEMO

句点「。」や読点「、」は手全体を下に移動させて入力するとスムーズです（入力後は必ずホームポジションに指を戻す）。

MEMO

長音符「ー」は右手小指 ┃ を使って押しますが、ホームポジションの J キーに置いた右手人差し指を軸にして、手を上に回転させるイメージで押すとよいでしょう。

─「?」「!」の入力にも慣れておこう

疑問符「?」や感嘆符「!」は Shift キーを組み合わせて入力します。「?」は左下にある Shift キーを押しながら ・ キーを押して入力、「!」は右側にある Shift キーを押したまま 1 を押して入力しましょう。

なお、 ・ キーをそのまま押すと「 ・ 」（中黒）が入力されます。

「!」の入力は右側の Shift キーと 1 （左手小指 '）を組み合わせる

「?」の入力は左側の Shift キーと ・ （右手小指 '）を組み合わせる

Let's Practice!

タイピングしてみよう

こんにちは。 　 K O N N N I T I H A 。

おどろいた! 　 O D O R O I T A !

カレー、ラーメン、シチュー、どれがいいですか?

K A R E ー 、 R A ー M E N 、 S I T Y
U ー 、 D O R E G A I I D E S U K A
?

基礎
知識

LESSON

06

POINT

カッコや「¥」など
よく使う記号をマスターしよう

▶ 記号の入力をマスターする
▶ モードによって入力される記号が異なる

よく使う記号を集中的に練習する

カッコや「¥」などの記号も文章入力に大切な要素です。記号を入力するためのキー
は、アルファベットの文字キーの右側に集まっており、そのほとんどを右手小指で
カバーする必要があるため、効率的な記号の入力は右手小指をいかにスムーズに使
えるかにかかっています。

また「%」や「&」などは Shift キーを押しながら数字キーを押すことで入力します。

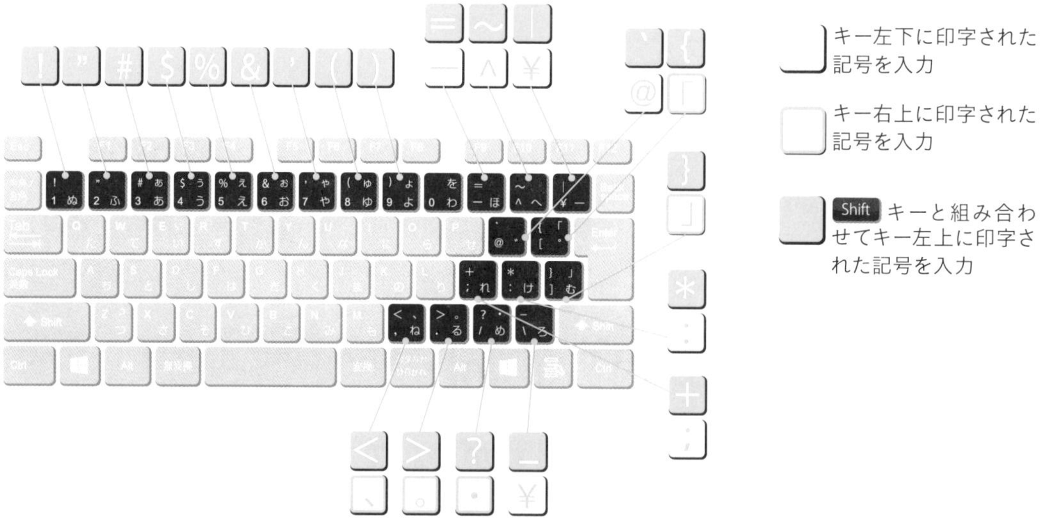

キー左下に印字された
記号を入力

キー右上に印字された
記号を入力

Shift キーと組み合わ
せてキー左上に印字さ
れた記号を入力

NOTE

上の図は「ひらがな」入力モードで入力できる記号です。
キーをそのまま押して入力される記号と、Shift キーを押しながら入力する記号が
あります。入力される文字のルールについてはP.60〜61も参照してください。

「半角英数」で記号を入力した場合

記号もそれぞれ全角と半角文字が用意されているため、「半角英数」入力モードで入力すれば、半角の記号を打つことができます。

ただしキーの右上に印字されている記号「「」、。」は、日本語用の全角文字のため、これに対応する半角文字はありません。「半角英数」入力モードでは以下のような記号が入力されます。

モードによって入力される記号が異なる

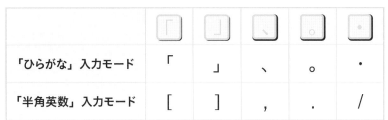

	「	」	、	゜	・
「ひらがな」入力モード	「	」	、	。	・
「半角英数」入力モード	[	]	,	.	/

Let's Practice!

¥594（税込〈ぜいこみ〉）

¥ 5 9 4 (Z E I K O M
I)

「これはペンですか?」

「 K O R E H A P E N D E S U K A ?
」

キャバリア・キング・チャールズ・スパニエル

K Y A B A R I A ・ K I N G U ・ T Y
A ー R U Z U ・ S U P A N I E R U

英語の小文字や数字が打てなくなった!?

タイピング時によくあるトラブルとして、「半角英数」入力モードで英文を入力している際、小文字で入力したいのになぜかすべて大文字になってしまう……というものがあります。

これは「CapsLock」がオンになっていることから起きる現象です。Shift キーを押しながら Caps Lock キーを押すと「CapsLock」のオン・オフが切り替わります。押したつもりがなくても、「CapsLock」がオンだと、アルファベットはすべて大文字入力になってしまうのです。

小文字入力に戻したい場合は、もう一度 Shift キーを押しながら Caps Lock キーを押して「CapsLock」をオフにしましょう。

また、別のトラブルとして、テンキーの数字キーを押しても何も反応がなかったり、矢印キーのような動きをしたりすることがあります。

これは「NumLock」がオフになっているときに起きる現象です。テンキー左上の Num Lock キーを押してオンにすると、数字が入力できるようになります。

「CapsLock」の切り替え

Shift キーを押しながら Caps Lock キーを押す

「NumLock」の切り替え

テンキーの左上にある Num Lock キーを押す

Let's Practice!

タイピングしてみよう

ここまででほとんどの文字が入力できるようになりました。ここでは自分や家族の名前、自分の住所などを書き出してタイピングの練習をしてみましょう。

- ・自分や家族の名前

- ・生年月日（西暦・和暦）

- ・住所・電話番号

- ・メールアドレス

CHAPTER

4

タイピング
実践練習帖

✓ 薬指や小指の動きをトレーニング

✓ 入力しにくい単語を攻略する

✓ 特殊キーや記号の使い方に慣れる

✓ さまざまな文章を使ってタイピング実践

実践
練習

LESSON
01

薬指を多用した文章で集中トレーニング

POINT

▶ 薬指を使いこなす

▶ 右手の O 。や左手の S W を確実に押す

細かい動きが難しい薬指を使いこなす

タッチタイピングをマスターする秘訣は、とにかく入力練習を繰り返すこと。ただし、やみくもに鍛えるより、目的を持ってトレーニングした方が効率的です。まずは日常的に細かな動きをすることが少ない、薬指をトレーニングしていきましょう。

左右の薬指を使って押すキーは下の図の通りです。キーの数は多くありませんが、右手薬指 ┃ の担当に母音の O キーや句点 。 があり、左手薬指の担当に「さ行」を打つための S キーや「わを」を打つための W キーがあるなど、大切なキーが含まれています。

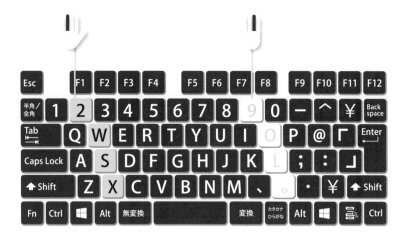

薬指を使って押すキーは8個あります。特に O 。 S W は多用するキーなので、スムーズに入力できるようにしましょう。小さい「ぁ」「ゎ」などの入力に使う X キーと L キーの入力にも薬指を使います。

タイピングしてみよう

和装(わそう)　W A S O U

相思相愛(そうしそうあい)　S O U S I S O U A I

わさび漬(づ)け　W A S A B I D U K E

ポスト投函(とうかん)

P O S U T O T O U K A N N

オール2の成績表(せいせきひょう)。

O - R U 2 N O S E I S E K I H Y O

U 。

2月(がつ)29日(にち)の約束(やくそく)。

2 G A T U 2 9 N I T I N O Y A K U

S O K U 。

在庫(ざいこ)はXSサイズとXLサイズのみ。

Z A I K O H A X S S A I Z U T O X

L S A I Z U N O M I 。

9月(がつ)にExcel講座(こうざ)が再開(さいかい)する。

9 G A T U N I E X C E L K O U Z A

G A S A I K A I S U R U 。

わぁわぁ、がぁがぁと騒(さわ)ぎ立(た)てる。

W A L A W A L A 、 G A L A G A L A

T O S A W A G I T A T E R U 。

「ぁ」の入力は L A の
かわりに X A も可能

実践
練習

LESSON

02

POINT

小指を多用した文章で
集中トレーニング

▶ 小指を使いこなす
▶ 特殊キーや記号を確実に入力する

アルファベットを順番に打ってみよう

続いて、左右の小指を使ったタイピングを練習していきます。

右手の小指 ┃は「ー」（長音符）やカッコなどの記号を入力するキーに加え、右の Shift や Enter Back Space キーも担当しているため、非常に重要な働きです。

また、母音の A や左の Shift 、 半角/全角 キーを担当する左手小指┃ もおろそかにはできません。

小指を多用したタイピングでは手の移動が大きくなるため、ホームポジションに戻ることを意識しながら練習しましょう。

右手の小指は各種記号の入力から Enter キーによる変換の確定や改行、 Back Space キーによる文字の修正まで大忙しです。左手の小指は母音の A キーの使用頻度が高く、 Shift や 半角/全角 キーも多用します。

MEMO

「¥」は全角・半角ともに、右上にある ¥ キー、右下にある ¥ キーどちらでも入力できます。

タイピングしてみよう

Q&A

Q & A

ザッピング

Z A P P I N G U

パパっと片付け

P A P A T T O K A T A D U K E

¥210のパン ＊税抜き価格

¥ 2 1 0 N O P A N N ＊ Z E I N U K

I K A K A K U

ザザーンと波の音がした。

Z A Z A － N T O N A M I N O O T O

G A S I T A 。

パイナップルパイとアップルパイを食べる。

P A I N A P P U R U P A I T O A P

P U R U P A I W O T A B E R U 。

遠くから「お～い！！」という声が聞こえた。

T O O K U K A R A 「 O ～ I ！ ！ 」 T

O I U K O E G A K I K O E T A 。

「10時ぴったりに麻布十番で待ち合わせよう」と彼は言った。

「 1 0 Z I P I T T A R I N I A Z A

B U J U U B A N D E M A T I A W A

S E Y O U 」 T O K A R E H A I T T

A 。

実践
練習

LESSON
03

1段目と2段目のキーを
重点的に鍛えよう

POINT

▶ ホームポジションから離れたキーの入力に慣れる
▶ 数字をスムーズに押す

キーボードを見ずに正確な入力を行うために

キーボードの文字キーや数字キーは、4段で構成されています。ホームポジションの **F** と **J** キーは上から3段目にあるため、それより上の1〜2段目にあるキーは、やや入力しにくい位置にあります。

指の動きが正確でない場合、たとえば1段目の **7** キーを押すつもりが **U** キーを押してしまうといったミスも起こりがちです。

ここでは、キーボードの1段目と2段目にあるキーを重点的にトレーニングしましょう。

1段目と2段目のキーを
正確に押せるようにしよう

キーボードの1段目には数字キーや記号キーが、2段目には母音の **E** **U** **I** **O** をはじめ、日本語入力で多用するキーが含まれています。数字や記号とひらがな・漢字が混在する文章をスムーズに打つためには、1段目と2段目への指の移動をスムーズに行う必要があります。

タイピングしてみよう

漁師（りょうし）　R Y O U S I

調整（ちょうせい）　T Y O U S E I

郵便局（ゆうびんきょく）　Y U U B I N K Y O K U

WEB上の情報（じょう　じょうほう）

W E B J O U N O J O U H O U

「わ〜れ〜わ〜れ〜は〜宇宙人（うちゅうじん）だ〜」

「 W A 〜 R E 〜 W A 〜 R E 〜 H A 〜 U
T Y U U Z I N D A 〜 」

初々（ういうい）しい気持（き　も）ちを思（おも）い出（だ）す

U I U I S I I K I M O T I W O O M
O I D A S U

5月（がつ）までにTwitterのフォロワー数（すう）81万人（まんにん）が目標（もくひょう）

5 G A T U M A D E N I T W I T T E R
R N O F O R O W A － S U U 8 1 M A
N N I N G A M O K U H Y O U

2030年（ねん）の今日（きょう）、ここにいる6人（にん）でまた集（あつ）まろう

2 0 3 0 N E N N N O K Y O U 、 K O
K O N I I R U 6 N I N D E M A T A
A T U M A R O U

実践
練習

LESSON

04

同じキーを連続して入力する際は軽快に

POINT ▶ 指の力を抜いてリズミカルに入力する

力を抜くためのトレーニング

ひらがなの「ん」や、「かって」など促音を使った言葉もしっかりトレーニングしましょう。
前者では N N 、後者では K A T T E と同じキーを2回連続して押すのが
特徴です。

特に指に力が入っていると、同じキーを繰り返し押すのは意外と難しく感じるため、指
の力を抜いて、リズミカルに入力できるように注意しましょう。

なお、同じキーの繰り返しは、英文を入力する際にも出てきます。

COLUMN

2回押すべき N キーは省略できる

P.36で「ん」の入力は、基本的に N
N とキーを2回押して入力しますが、文
章の途中では1回で済むケースもあると
説明しました。

他にも「ん」を入力する際に N 1回の入
力で済むケースもあります。たとえば「田
中さん」と入力する場合、 T A N A
K A S A N のように、最後にもう一
度入力するべき N を省略して変換でき
るのです。「すいません。」などの場合も、
N を1回入力したところで句点（または
読点）を入力すれば自動的に「ん」が
入力されます。

Space キーを押す

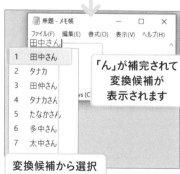

「ん」が補完されて
変換候補が
表示されます

変換候補から選択

タイピングしてみよう

大奥（おおおく）　　　O O O K U

coffee（コーヒー）　　C O F F E E

football（フットボール）　F O O T B A L L

Happy Halloween（ハッピーハロウィーン）

H A P P Y　H A L L O W E E N

Space キーを押して半角スペースをあけましょう

集 中（しゅうちゅう）

S Y U U T Y U U

風雨注意報（ふううちゅういほう）

H U U U T Y U U I H O U

出しっぱなし（だ）

D A S I P P A N A S I

聞いて聞いて…（き）（き）

K I I T E K I

I T E ・ ・ ・

> **NOTE**
> 3点リーダー（…）は ・ キーを3回入力し、
> Space キーで変換します。

割って折って切って（わ）（お）（き）

W A T T E O T T E K I T T E

小さいおうちのおじいさんとおばあさん（ちい）

T I I S A I O U T I N O O Z I I S

A N T O O B A A S A N N

実践
練習

LESSON
05

入力しにくい単語を集中練習！
タイピング力を鍛えよう

POINT ▶ 打ちにくいキーの組み合わせを練習する

☐ 入力ミスが多い部分は何度も練習しよう

同じ指で押す文字キーが続いたり、ホームポジションから手を離して打つキーがあったりすると、入力しにくいものです。また、左右の指の連係がややこしい単語もあります。特にホームポジションから大きく離れる B や Y を含む単語や、指が上下左右に動きまくる固有名詞などは、タッチタイピングの練習にはうってつけです。
疲れたら指をほぐすなど休憩をとりながら、繰り返し練習してみましょう。

タイピングしてみよう

じかいよこく
次回予告

Z I K A I Y O K O K U

セントバーナード

S E N T O B A － N A － D O

ウォーターサーバー

W H O － T A － S A － B A －

ブリティッシュ・ショートヘア

B U R I T H I S S Y U ・ S Y O － T
O H E A

MEMO

B の指の担当は左手人差し指、－は右手小指です。合っているか確認しましょう。

スタートメニュー

| S | U | T | A | ー | T | O | M | E | N | Y | U | ー |

ビジネスドキュメント

| B | I | Z | I | N | E | S | U | D |
| O | K | Y | U | M | E | N | T | O |

> **MEMO**
>
> **P** の指の担当は右手小指、**O** は右手薬指、**K** は右手中指です。

あぁ、ポップコーンが食べたいなぁ。

| A | L | A | 、 | P | O | P | P | U | K | O | ー | N | G | A | T | A |
| B | E | T | A | I | N | A | L | A | 。 |

VTuberとYouTuberのコラボ企画

| V | T | U | B | E | R | T | O | Y | O | U | T | U | B | E | R | N |
| O | K | O | R | A | B | O | K | I | K | A | K | U |

わざわざ遠いところをようこそ。

| W | A | Z | A | W | A | Z | A | T | O | O | I | T | O | K | O | R |
| O | W | O | Y | O | U | K | O | S | O | 。 |

時計の針が0時00分を指した

| T | O | K | E | I | N | O | H | A | R | I | G | A | O | Z | I | O |
| O | H | U | N | W | O | S | A | S | I | T | A |

抜き差しならない緊迫した場面

| N | U | K | I | S | A | S | I | N | A | R | A | N | A | I | K | I |
| N | P | A | K | U | S | I | T | A | B | A | M | E | N | N |

ルールを守る

| R | U | ー | R | U | W | O |
| M | A | M | O | R | U |

MEMO

ひらがなとカタカナ、漢字が混じった文章を練習しましょう。

あんぱんとカレーパン

| A | N | P | A | N | T | O | K | A | R | E | ー | P | A | N | N |

メリットしかない提案

| M | E | R | I | T | T | O | S | I | K | A | N | A | I | T | E | I |
| A | N | N |

中学校の時間割をチェックする

| T | Y | U | U | G | A | K | K | O | U | N | O | Z | I | K | A | N |
| W | A | R | I | W | O | T | Y | E | K | K | U | S | U | R | U |

グレート・ブリテン及び北部アイルランド連合王国

G	U	R	E	ー	T	O	・	B	U	R	I	T	E	N	N	O
Y	O	B	I	H	O	K	U	B	U	A	I	R	U	R	A	N
D	O	R	E	N	G	O	U	O	U	K	O	K	U

バーベキューと温泉がセットになったパッケージツアー

B	A	ー	B	E	K	Y	U	ー	T	O	O	N	S	E	N	G
A	S	E	T	T	O	N	I	N	A	T	T	A	P	A	K	K
E	ー	Z	I	T	U	A	ー

夏休みを利用してカナダのバンクーバーにホームステイした

| N | A | T | U | Y | A | S | U | M | I | W | O | R | I | Y | O | U |

| S | I | T | E | K | A | N | A | D | A | N | O | B | A | N | K | U |

| ― | B | A | ― | N | I | H | O | ― | M | U | S | U | T | E | I | S |

| I | T | A |

買ったコートの裾を直すため、ショッピングモールに出かけました。

| K | A | T | T | A | K | O | ― | T | O | N | O | S | U | S | O | W |

| O | N | A | O | S | U | T | A | M | E | 、 | S | Y | O | P | P | I |

| N | G | U | M | O | ― | R | U | N | I | D | E | K | A | K | E | M |

| A | S | I | T | A | 。 |

じゃあ、また今度。コーヒーでも飲みながらゆっくりお話しましょう。

| J | A | A | 、 | M | A | T | A | K | O | N | D | O | 。 | K | O | ― |

| H | I | ― | D | E | M | O | N | O | M | I | N | A | G | A | R | A |

| Y | U | K | K | U | R | I | O | H | A | N | A | S | I | S | I | M |

| A | S | Y | O | U | 。 |

喫茶店のメニューには、サンドウィッチとおにぎり、
そして飲み物しかなかった。

| K | I | S | S | A | T | E | N | N | N | O | M | E | N | Y | U | ― |

| N | I | H | A | 、 | S | A | N | D | O | W | I | T | T | I | T | O |

| O | N | I | G | I | R | I | 、 | S | O | S | I | T | E | N | O | M |

| I | M | O | N | O | S | I | K | A | N | A | K | A | T | T | A | 。 |

$150　　　$ 1 5 0

36.5度（ど）　　　3 6 . 5 D O

53 > 18　　　5 3 > 1 8

3-0で試合（しあい）に勝（か）つ

3 - 0 D E S I A I N I K A T U

iPadとiPhone

I P A D T O I P H O N E

目標（もくひょう）の67%を達成（たっせい）

M O K U H Y O U N O 6 7 % W O T A
S S E I

Excel＆PowerPoint

E X C E L & P O W E R P O I N T

久（ひさ）しぶり！！

H I S A S I B U R I ! !

お～い、元気（げんき）にしてる？

O ～ I 、 G E N K I N I S I T E R U
?

最後（さいご）に#を押（お）してください。

S A I G O N I # W O O S I T E K U
D A S A I 。

MEMO

記号や数字、アルファベットが混じった文章を練習しましょう。

9,521円+消費税952円=10,473円

9	,	5	2	1	E	N	+	S	Y	O	U	H	I	Z	E	I

9	5	2	E	N	=	1	0	,	4	7	3	E	N	N

SDGs（エスディージーズ）の17の目標

S	D	G	S	(	E	S	U	D	H	I	ー	Z	I	ー	Z	U

)	N	O	1	7	N	O	M	O	K	U	H	Y	O	U

キャッチャー・イン・ザ・ライ（J・D・サリンジャー作）

K	Y	A	T	T	Y	A	ー	・	I	N	・	Z	A	・	R	A

I	(	J	・	D	・	S	A	R	I	N	J	A	ー	S	A	K

U	)

食品100gに対する塩分濃度が2.7%のとき、
塩分量は2.7gです。

S	Y	O	K	U	H	I	N	1	0	0	G	N	I	T	A	I

S	U	R	U	E	N	B	U	N	N	N	O	U	D	O	G	A

2	.	7	%	N	O	T	O	K	I	、	E	N	B	U	N	R

Y	O	U	H	A	2	.	7	G	D	E	S	U	。

-（ハイフン）とー（長音符）の入力は
間違えやすいから気を付けてね！

-	(	H	A	I	H	U	N	)	T	O	ー	(	T	Y	O	U

O	N	P	U	)	N	O	N	Y	U	U	R	Y	O	K	U	H

A	M	A	T	I	G	A	E	Y	A	S	U	I	K	A	R	A

K	I	W	O	T	U	K	E	T	E	N	E	!

吾輩(わがはい)は猫(ねこ)である。名前(なまえ)はまだ無(な)い。

W	A	G	A	H	A	I	H	A	N	E	K
O	D	E	A	R	U	。	N	A	M	A	E
H	A	M	A	D	A	N	A	I	。		

どこで生(うま)れたかとんと見当(けんとう)がつかぬ。何(なん)でも薄暗(うすぐら)いじめじめした
所(ところ)でニャーニャー泣(な)いていた事(こと)だけは記憶(きおく)している。

D	O	K	O	D	E	U	M	A	R	E	T	A	K	A	T	O
N	T	O	K	E	N	T	O	U	G	A	T	U	K	A	N	U
。	N	A	N	D	E	M	O	U	S	U	G	U	R	A	I	Z
I	M	E	Z	I	M	E	S	I	T	A	T	O	K	O	R	O
D	E	N	Y	A	—	N	Y	A	—	N	A	I	T	E	I	T
A	K	O	T	O	D	A	K	E	H	A	K	I	O	K	U	S
I	T	E	I	R	U	。										

吾輩(わがはい)はここで始(はじ)めて人間(にんげん)というものを見(み)た。しかもあとで聞(き)くと
それは書生(しょせい)という人間中(にんげんじゅう)で一番(いちばん)獰悪(どうあく)な種族(しゅぞく)であったそうだ。

W	A	G	A	H	A	I	H	A	K	O	K	O	D	E	H	A
Z	I	M	E	T	E	N	I	N	G	E	N	T	O	I	U	M
O	N	O	W	O	M	I	T	A	。	S	I	K	A	M	O	A
T	O	D	E	K	I	K	U	T	O	S	O	R	E	H	A	S
Y	O	S	E	I	T	O	I	U	N	I	N	G	E	N	J	U
U	D	E	I	T	I	B	A	N	D	O	U	A	K	U	N	A
S	Y	U	Z	O	K	U	D	E	A	T	T	A	S	O	U	D
A	。															

『吾輩は猫である』（夏目漱石）より

二人の紳士は、ざわざわ鳴るすすきの中で、こんなことを云いました。

H	U	T	A	R	I	N	O	S	I	N	S	I	H	A	、	Z
A	W	A	Z	A	W	A	N	A	R	U	S	U	S	U	K	I
N	O	N	A	K	A	D	E	、	K	O	N	N	N	A	K	O
T	O	W	O	I	I	M	A	S	I	T	A	。				

その時ふとうしろを見ますと、立派な一軒の西洋造りの家が
ありました。

S	O	N	O	T	O	K	I	H	U	T	O	U	S	I	R	O
W	O	M	I	M	A	S	U	T	O	、	R	I	P	P	A	N
A	I	K	K	E	N	N	N	O	S	E	I	Y	O	U	D	U
K	U	R	I	N	O	I	E	G	A	A	R	I	M	A	S	I
T	A	。														

そして玄関には
RESTAURANT
西洋料理店
WILDCAT HOUSE
山猫軒

S	O	S	I	T	E	G	E	N	K	A	N	N	N	I	H	A
R	E	S	T	A	U	R	A	N	T							
S	E	I	Y	O	U	R	Y	O	U	R	I	T	E	N	N	
W	I	L	D	C	A	T	H	O	U	S	E					
Y	A	M	A	N	E	K	O	K	E	N	N					

という札_{ふだ}がでていました。

`T` `O` `I` `U` `H` `U` `D` `A` `G` `A` `D` `E` `T` `E` `I` `M` `A`
`S` `I` `T` `A` `。`

「君_{きみ}、ちょうどいい。ここはこれでなかなか開_{ひら}けてるんだ。入_{はい}ろう
じゃないか」

`「` `K` `I` `M` `I` `、` `T` `Y` `O` `U` `D` `O` `I` `I` `。` `K` `O`
`K` `O` `H` `A` `K` `O` `R` `E` `D` `E` `N` `A` `K` `A` `N` `A` `K`
`A` `H` `I` `R` `A` `K` `E` `T` `E` `R` `U` `N` `D` `A` `。` `H` `A`
`I` `R` `O` `U` `J` `A` `N` `A` `I` `K` `A` `」`

『注文の多い料理店』（宮沢賢治）より

こまめに変換しながら入力しよう

短い単語の入力に慣れてきても、長文などを入力してみると、意外と引っかかっ
てしまう箇所が多かったのではないでしょうか。

漢字とひらがなならスムーズなタイピングが行えるようになっても、英字や数字、
記号が入り混じった文の入力は、より練習が必要となります。 [半角/全角] キーや [Shift] キ
ー、変換のための [Space] キーを押す場面が多くなると、タイピングするキーの数
も自然と増えていきます。

長文を一気に入力してから変換を行うと、文節の位置がおかしくなることが多い
ため、慣れるまではこまめに [Space] キーで変換して、[Enter] キーで確定していくの
が効率的です。

食品 [Space] [Enter] [半角/全角] 100g [半角/全角] に対する塩分濃度が [Space] [Enter] [半角/全角] 2.7%
[半角/全角] のとき、[Enter] 塩分量は [Space] [Enter] [半角/全角] 2.7g [半角/全角] です。[Enter]

ミスしないタイピング
スキルを手に入れよう

- ✓ ホームポジションを意識する
- ✓ 反復練習で苦手なキーを克服する
- ✓ ショートカットキーを覚える
- ✓ 辞書登録の方法を知る

実践練習

LESSON
01

正確で速い
タイピングスキルを身につける

POINT
▶ ホームポジションをしっかり確認しよう
▶ タイピング上達のための5つのコツ

初心にかえって正しいタッチタイピングに立ち戻る

はじめのころよりタイピングに慣れてきたのに、打ち間違いが多くなってしまった……
そんなときは、初心にかえってホームポジションを確認してみましょう。
ホームポジションについては本書の冒頭で解説しましたが、入力の練習を続けるうち
に、その大切さを忘れてしまうケースはめずらしくありません。

ホームポジションに指を戻すことを意識する

まずは1文字入力するたびに、すべての指をホームポジションに戻すことを心がけま
しょう。次に入力するキーが近くにある場合、そのまま指を滑らせたほうが効率的に
思えるかもしれませんが、それを続けていくと、指の位置がバラバラになりタイピング
ミスが増えてしまいます。急がば回れの精神でホームポジションからの入力を徹底して
いけば、タイピングミスは確実に減っていきます。

左手の人差し指！を**F**キーの上 右手の人差し指！を**J**キーの上

キーを押したら、すべての指をホームポジションに戻すことを意識しましょう。入力スピードは多少落ちますが、タイピングミスが減るため結果的に入力時間を短縮できます

テンキーのホームポジション
右手の中指！を**5**キーの上

タッチタイピングを上達させる5つのコツ

①反復練習が上達のカギ

タッチタイピングを上達させるには、とにかく練習あるのみです。本書の練習帳を使ったトレーニングを毎日欠かさずに実践しましょう。P.88で紹介しているタイピング練習サービスを利用するのもオススメです。

②苦手なキーを把握して集中的に練習

タイピング練習を続けていくと、ミスをしやすいキーや指の傾向が見えてきます。たとえば左手の薬指で押すキーにミスが多いのならば、2 W S X キーを集中的に練習して苦手なキーを克服することで、おのずとタイピング速度が向上します。

③目をつぶってタイピングしてみる

タッチタイピングの基本は「キーボードを見ないこと」です。どうしてもキーボードに目がいくという場合は、目をつぶって頭に思い浮かべた文章を入力してみましょう。視線移動を防げるだけでなく、指先に意識を集中させることができるので、正しいタッチタイピングを身につけることができます。

④マウスやテンキーをできるだけ使わない

正しいタッチタイピングを行うには、できるだけホームポジションから指を離さないようにすることが重要です。数字の入力にはテンキーが便利ですが、ホームポジションに慣れるまでは極力使わないほうがよいでしょう。

MEMO

ホームポジションから指が離れてしまうマウス操作も、ショートカットキー（P.89で紹介）で代用するのが効果的です。

⑤複数の入力方法がある場合は1つに固定

たとえば「ふ」は「HU」「FU」、「ち」は「TI」「CHI」、小さい「ぁ」は「XA」「LA」など、文字によっては複数の入力方法が用意されています）。タイピング練習で試してみて打ちやすいほうに固定化すると、タイピングミスが減って入力速度の向上につなげられます。

タイピング練習ができるオススメWebサービス

タッチタイピングをマスターするには、とにかく入力練習を繰り返すことが大切です。本書にはたくさんの文例を載せていますが、「もっと他の文章を入力して苦手なキーをなくしていきたい」と思う方もいるでしょう。

そんなときは、Webブラウザからアクセスできる、無料のタイピング練習サービスを活用するのがおすすめです。「タイピング」などのキーワードでWeb 検索を行えば、さまざまなサービスが見つかるはずです。いろいろと試してみましょう。

● e-typing
http://www.e-typing.ne.jp/

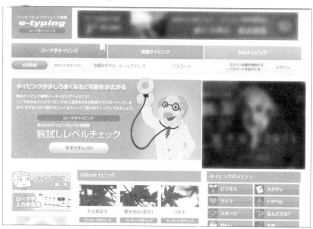

イータイピング株式会社が提供するタイピング練習Webサービス。短文から長文まで多彩な文例を使ったタイピング練習が行えます。「腕試しレベルチェック」など、自分の上達度を確認できるコンテンツも用意されています

● 寿司打
http://typingx0.net/sushida/

Neutralが提供しているローマ字入力用のタイピング練習ゲームです。制限時間内に文字を入力して画面上に流れているお寿司をゲットします。ゲームを楽しみながらタイピングの練習が行えるので、無理なくタッチタイピングを鍛えられます

実践
練習

LESSON

02

タイピング効率化のために できることを覚えよう

POINT

▷ ショートカットキーを活用しよう
▷ よく使う単語を辞書に登録しよう

タイピングを効率化するショートカットキー

P.54ではファンクションキーを使って、入力した文字をひらがな、カタカナ、英字などに変換する方法を紹介しました。その他にも、覚えておくとタイピングを高速化できるショートカットキーはたくさんあります。その一部をご紹介します。

入力した文字をコピーして貼り付けする ショートカットキー

文章を作成していると、同じ単語を何度も入力することがあります。その際は文字列を「コピー」して「ペースト（貼り付け）」すると効率的です。ショートカットキーを使うとよりスピーディーに行えます。また、文字列を移動したり入れ替えたりしたい場合は「カット（切り取り）」と「ペースト」のショートカットキーが便利です。

> **MEMO**
>
> ショートカットキーとは、Windowsの機能などをメニューから選択せずに、複数のキーの組み合わせることで素早く操作できるというものです。**F7**キーのように単独で使用するものの他、**Ctrl**と**C**を同時に押すなど、複数のキーを組み合わせることで使用するものがあります。

コピー＆ペーストのためのショートカット

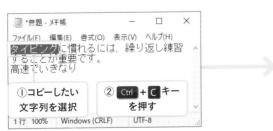

コピーしたい文字列を**Shift**＋**←** **→**キーで選択したら、**Ctrl**キーを押しながら**C**キーを押してコピーします。

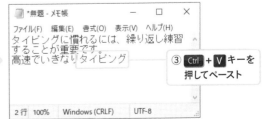

文字列を貼り付けたい位置にカーソルを移動し、**Ctrl**キーを押しながら**V**キーを押すと、コピーした文字列が貼り付けられます。

☐ カット＆ペーストのためのショートカット

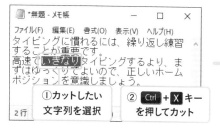

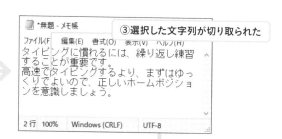

移動したい文字列を選択し、[Ctrl] キーを押しながら [X] キーを押すと、文字列が切り取られます。

貼り付けたい位置にカーソルを移動し、[Ctrl] キーを押しながら [V] キーを押すと、切り取った文字列が貼り付けられます。

文字入力に必要なショートカットキー(1)

キー	用　途	「あいうえお」と入力して ファンクションキーを 押した結果
F6	ひらがなに変換	あいうえお
F7	全角カタカナに変換	アイウエオ
F8	半角カタカナに変換	ｱｲｳｴｵ
F9	全角英数字に変換	ａｉｕｅｏ
F10	半角英数字に変換	aiueo
Home	行の先頭にカーソルを移動	|あいうえお
End	行の末尾にカーソルを移動	あいうえお|

文字入力に必要なショートカットキー(2)

キーの組み合わせ		用　途
Tab		次の入力欄に移動
Ctrl	A	すべて選択する
Ctrl	C	選択した文字列をコピーする
Ctrl	X	選択した文字列を切り取る
Ctrl	V	コピーまたはカットした文字列を貼り付ける
Ctrl	BackSpace	変換した文字を再変換する（変換確定前または確定直後のみ有効）
Ctrl	F	検索ウィンドウを開く（特定の文字列を検索）
Ctrl	H	置換ウィンドウを開く（特定の文字列を指定した文字列に置換）
Shift	アルファベット	英字大文字が入力できる
Shift	Space	半角スペースを入力する

タイピングしてみよう

ショートカットキーを使いながら文字入力をしてみましょう。

Shift キーを押しながら
入力で英大文字を入力

MENU

・A定食 8月の月替わりデザート：プリン

・B定食 8月の月替わりデザート：プリン

・C定食 8月の月替わりデザート：プリン

Shift + Space で
半角スペースを入力

メニューの1行目を入力したら選択して Ctrl + C でコピーして
Ctrl + V で貼り付け。「B」定食「C」定食の部分のみ修正する

MENU

・A定食 10月の月替わりデザート：スイートポテト

・B定食 10月の月替わりデザート：スイートポテト

・C定食 10月の月替わりデザート：スイートポテト

MENUを Ctrl + A ですべて選択し、Ctrl + X で切り取って
Ctrl + V で貼り付け。Ctrl + H で置換ウィンドウを開き、
「8」を「10」に、「プリン」を「スイートポテト」に置換

よく使う単語を辞書に登録しよう

Microsoft IMEにはユーザー辞書機能が用意されています。珍しい固有名詞など、変換候補に出てこない単語をあらかじめ登録しておくと、スムーズに変換できて便利です。

また、会社名など文字数の多い単語は、「よみ」の文字を減らした短縮よみで登録しておくと、より短い文字で変換できるようになります。

①「メモ帳」上で Ctrl + F10 キーを押す

②[単語の登録]を選択して Enter キーを押す

③登録画面が表示されたら「単語」欄に登録したい単語、「よみ」欄に読みがなを入力

④「登録」をクリックして辞書に登録

⑤登録した「よみ」の文字を入力して変換すると…

⑥登録した単語が変換候補として表示される

記号を簡単に入力するには？

各種記号を入力するには、記号キーや Shift と数字キーを組み合わせる方法があります。しかし、記号の入力はパソコンに慣れている方でも難易度が高いものです。また、キーボードから直接入力できない記号も存在します。そこで活用したいのが「かっこ」や「きごう」と入力して変換候補から選択するというテクニックです。

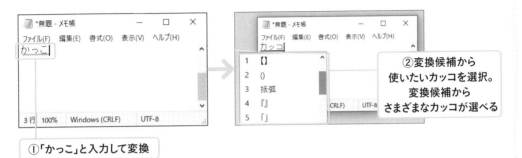

①「かっこ」と入力して変換

②変換候補から使いたいカッコを選択。変換候補からさまざまなカッコが選べる

開きと閉じカッコがセットで入力されるので、入力後は ← キーを押してカッコの間にカーソルを移動し、文字列を入力しましょう。

同様に各種記号も「きごう」と入力することで変換できます。

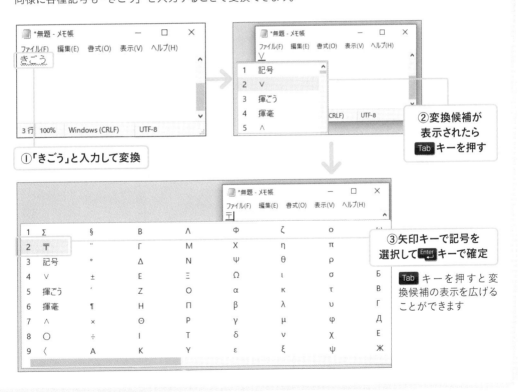

①「きごう」と入力して変換

②変換候補が表示されたら Tab キーを押す

③矢印キーで記号を選択して Enter キーで確定

Tab キーを押すと変換候補の表示を広げることができます

ローマ字かな変換表

あ〜ん

あ A	い I	う U	え E	お O
か KA/CA	き KI	く KU/CU/QU	け KE	こ KO/CO
さ SA	し SI/SHI/CI	す SU	せ SE/CE	そ SO
た TA	ち TI/CHI	つ TU/TSU	て TE	と TO
な NA	に NI	ぬ NU	ね NE	の NO
は HA	ひ HI	ふ HU/FU	へ HE	ほ HO
ま MA	み MI	む MU	め ME	も MO
や YA		ゆ YU		よ YO
ら RA	り RI	る RU	れ RE	ろ RO
わ WA				を WO
ん NN				

濁音

が GA	ぎ GI	ぐ GU	げ GE	ご GO
ざ ZA	じ ZI/JI	ず ZU	ぜ ZE	ぞ ZO
だ DA	ぢ DI	づ DU	で DE	ど DO
ば BA	び BI	ぶ BU	べ BE	ぼ BO

半濁音

ぱ PA	ぴ PI	ぷ PU	ぺ PE	ぽ PO

※この変換表はMicrosoft IMEを使用したローマ字かな変換を元に作成しています。入力するキーは使用しているIMEによって異なる場合があります。
※入力方法が複数あるもののうち、本書で採用している入力方法は太字にしてあります。

☐ 主な拗音

きゃ	きぃ	きゅ	きぇ	きょ
KYA	KYI	KYU	KYE	KYO
ぎゃ	ぎぃ	ぎゅ	ぎぇ	ぎょ
GYA	GYI	GYU	GYE	GYO
しゃ	しぃ	しゅ	しぇ	しょ
SYA/SHA	SYI	SYU/SHU	SYE/SHE	SYO/SHO
じゃ	じぃ	じゅ	じぇ	じょ
JYA/JA/ZYA	JYI/ZYI	JYU/JU/ZYU	JYE/JE/ZYE	JYO/JO/ZYO
ちゃ	ちぃ	ちゅ	ちぇ	ちょ
TYA/CHA	TYI/CYI	TYU/CHU	TYE/CHE	TYO/CHO
ぢゃ	ぢぃ	ぢゅ	ぢぇ	ぢょ
DYA	DYI	DYU	DYE	DYO
にゃ	にぃ	にゅ	にぇ	にょ
NYA	NYI	NYU	NYE	NYO
ひゃ	ひぃ	ひゅ	ひぇ	ひょ
HYA	HYI	HYU	HYE	HYO
びゃ	びぃ	びゅ	びぇ	びょ
BYA	BYI	BYU	BYE	BYO
ぴゃ	ぴぃ	ぴゅ	ぴぇ	ぴょ
PYA	PYI	PYU	PYE	PYO
ふぁ	ふぃ	ふぅ	ふぇ	ふぉ
FWA/FA	FWI/FI	FWU	FWE/FE	FWO/FO
ふゃ		ふゅ		ふょ
FYA		FYU		FYO
みゃ	みぃ	みゅ	みぇ	みょ
MYA	MYI	MYU	MYE	MYO
りゃ	りぃ	りゅ	りぇ	りょ
RYA	RYI	RYU	RYE	RYO
ヴぁ	ヴぃ	ヴ	ヴぇ	ヴぉ
VA	VI	VU	VE	VO
ヴゃ		ヴゅ		ヴょ
VYA		VYU		VYO

☐ 小さい文字

あ	い	う	え	お
XA/LA	XI/LI	XU/LU	XE/LE	XO/LO
ゃ		ゅ		ょ
XYA/LYA		XYU/LYU		XYO/XLO
ヵ			ヶ	
XKA/LKA			XKE/LKE	
ゎ		っ		
XWA/LWA		XTU/LTU		

PROFILE

朝岳 健二（あさたけ けんじ）
コンピュータ雑誌の編集を20年勤め、フリーライターとして独立。編集者時代の経験を活かし、主にIT関連の書籍を執筆している。
パソコン黎明期からキーボードに親しみ、入力した文字は数知れず。より入力しやすいキーボードを見つけるべく、家電量販店のキーボードコーナーはチェックを欠かさない。

STAFF

ブックデザイン：霜崎 綾子
DTP：大西 恭子
本文イラスト：ショーン＝ショーノ
担当：古田 由香里

キー入力がぐんぐん速くなる！タイピングマスター帖

2021年12月20日　初版第1刷発行

著者　　朝岳 健二
編集　　タイピングマスター帖編集部
発行者　滝口 直樹
発行所　株式会社マイナビ出版
　　　　〒101-0003　東京都千代田区一ツ橋2-6-3　一ツ橋ビル 2F
　　　　TEL：0480-38-6872（注文専用ダイヤル）
　　　　TEL：03-3556-2731（販売）
　　　　TEL：03-3556-2736（編集）
　　　　E-Mail：pc-books@mynavi.jp
　　　　URL：https://book.mynavi.jp

印刷・製本　シナノ印刷株式会社

©2021 朝岳 健二, Printed in Japan
ISBN：978-4-8399-7793-1